创鲁班奖工程过程精品指南

中国建筑业协会　组织编写

中国建筑工业出版社

图书在版编目（CIP）数据

创鲁班奖工程过程精品指南/中国建筑业协会组织编
写. —北京：中国建筑工业出版社，2019.5（2024.11重印）
ISBN 978-7-112-23681-7

Ⅰ.①创… Ⅱ.①中… Ⅲ.①建筑工程-工程质量-
指南 Ⅳ.①TU712.3-62

中国版本图书馆CIP数据核字（2019）第077120号

本书内容取材于鲁班奖工程。内容包括土建篇、电气篇、设备篇。每个优秀做法从工
艺名称、规范要求、工艺要点、节点详图及实例照片几个方面展开描述。每个节点图文并
茂、直观明了、便于理解，实用性和可操作性强。对广大建筑业企业深入开展创精品工程
活动，保障工程质量与安全生产具有重要的学习借鉴和推广应用价值。

责任编辑：张　磊　李春敏
责任校对：党　蕾

创鲁班奖工程过程精品指南
中国建筑业协会　组织编写

*

中国建筑工业出版社出版、发行（北京海淀三里河路9号）
各地新华书店、建筑书店经销
北京科地亚盟排版公司制版
北京中科印刷有限公司印刷

*

开本：787×1092毫米　1/16　印张：16¼　字数：389千字
2019年8月第一版　　2024年11月第五次印刷
定价：**148.00**元
ISBN 978-7-112-23681-7
（33930）

本书编委会

指　　导：王铁宏

主　　编：吴慧娟　　刘锦章

副主编：景　万　　赵正嘉　　贾安乐

编　　委：冯　跃　　徐建荣　　王巧莉　　刘爱玲　　尹振宗
　　　　　张选兵　　李　晖　　李中锡　　薛　刚　　刘洪亮
　　　　　陈跃熙　　陈　浩　　杨　煜　　甘永辉　　高秋利
　　　　　王　伟　　于　杰　　马　记　　王　喆　　王五奇
　　　　　邓文龙　　石　卫　　田　来　　邢建锋　　吕基平
　　　　　朱跃忠　　安　静　　孙邦君　　李　洪　　李　菲
　　　　　李子水　　李云江　　李秋丹　　李增启　　邱秉达
　　　　　张广志　　张建明　　张修权　　罗　保　　周忠义
　　　　　周桂云　　周景梅　　胡　笛　　胡安春　　侯星萍
　　　　　贺广利　　崔旭旺　　程维国　　温　军　　廖科成
　　　　　霍小妹

前　言

鲁班奖作为我国工程质量的最高奖，创建 30 多年来，在引领行业技术进步、推动工程质量水平稳步提升、规范工程项目管理、保证安全生产等方面起到积极的作用。在工程建造过程中广大工程技术人员牢固树立"百年大计，质量第一"的建造理念，以一丝不苟、严谨细致、精益求精、追求卓越的工匠精神和创新进取的豪迈情怀，建造了一批彰显时代特点，具有代表性、标志性的工程，奏响了我国现代化建设的美丽乐章。与此同时，也积累了大量行之有效、经济合理的建造技术和经典工艺，这些精湛的技术和工艺既是广大工程技术人员智慧的结晶，也是全行业共同的财富，更是推动建筑业高质量发展的基础。为了将这些先进技术和典型做法在全行业推广应用，中国建筑业协会会同中国建筑工业出版社组织了行业内多位理论功底深厚、实践经验丰富的专家、学者，收集、整理、总结、提炼了近几年部分建筑企业在创建鲁班奖过程中，通过精心策划、管理提升、技术引领、工艺创新等措施，取得的一系列优秀成果，编写了《创鲁班奖工程过程精品指南》，旨在引导广大建筑业企业注重技术进步，关注过程精品，确保工程质量稳步提升。

本书收集了地基基础、主体结构、装饰装修、水电设备安装等方面共 152 项经典工艺和 38 项创新做法。通过图示、照片、工艺说明等方式，完整、翔实地展示了每一项经典工艺的操作要点和做法。这些经典工艺既有传统做法的改造升级，也有创新做法的提炼总结，无论是传统工艺，还是创新做法，均以保证工程结构安全和完善使用功能为前提，以先进建造技术为支撑，将标准化、智能化、精益化和装配化等新型建造方式融入了工程建设的全过程。

鲁班奖工程的经典做法多如繁星，本书只是编辑了近几年部分鲁班奖工程有代表性的做法。见微知著，品读《创鲁班奖工程过程精品指南》能够使广大读者了解、知悉鲁班奖工程的创建过程，应着力在方案的精心策划，关注工艺流程的科学合理，强化过程控制，提倡一次成优，践行鲁班奖精神。由于时间和水平所限，书中难免有一些不足之处，请广大读者不吝赐教。我们将进一步弘扬"不忘初心，牢记使命"的新时代精神，以"创新、协调、绿色、开放、共享"的发展理念，不断总结，持续改进，为"中国建造"铸就坚实的基础。

目　　录

土　建　篇

电 气 篇

设 备 篇

土 建 篇

第一章　地基与基础

一、CFG 桩复合地基桩头切割工艺

1. 工艺节点名称：CFG 复合地基桩头切割工艺

应用工程：巨海城八区南区综合楼 6 号办公楼工程

施工单位：内蒙古巨华集团大华建筑安装有限公司

2. 规范要求：

桩顶标高允许偏差 0～+20mm；在同一分区内相邻桩顶高程相差不大于 50mm；桩位允许偏差：0～50mm。

3. 工艺要点：

（1）工序：

测量地面标高，确定开挖深度→开挖桩间土→测量桩头标高，确定截桩位置→切割机环切桩头→人工修整桩头。

（2）工艺做法：

1）CFG 桩成桩 7d 后，按照先打桩先开挖的原则组织基坑内土方开挖；

2）用白灰标识开挖边线，准确测量开挖深度；

3）桩间土清理完毕后，用墨线或红油漆沿着桩头标出切割位置（高于设计桩顶标高 20mm）；

4）用圆盘切割机沿所画线进行环切，锯片切割深度约 100mm；

5）用切割机环切好的桩头，使用钢钎翘断桩头内未切断的混凝土，人工剔凿平整至桩顶标高。

4. 节点详图及实例照片（图 1.1-1～图 1.1-3）：

图 1.1-1　切割机环切桩头

图 1.1-2　平整桩头

二、创新技术：基于实时监测的基坑风险动态评估技术

1. 创新技术名称：基于实时监测的基坑风险动态评估技术

应用工程：中国通号轨道交通研发中心工程

施工单位：中铁建设集团有限公司

2. 关键技术或创新点：

基于对深基坑灾变机理的分析，自主研发了一

图 1.1-3　桩头切割现场效果

套远程实时监控系统，对深基坑的水平位移、边坡沉降进行监测，可采用手机端、电脑端接收，自动生成监测曲线。精度可达到 0.01mm，采集频率 1 次/min，能适应恶劣天气的监测，有效保证了基坑安全。

3. 应用范围及效果：

该技术可应用于任何形式的深基坑变形监测，实时采集基坑变形信息。

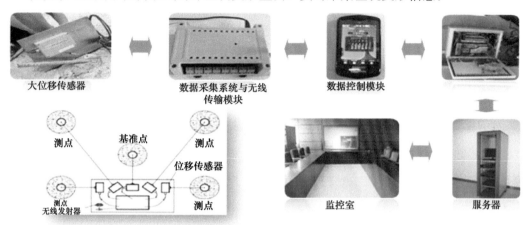

图 1.2-1　远程实时监控系统

三、创新技术：深基坑智能化全自动降水回灌关键技术

1. 创新技术名称：深基坑智能化全自动降水回灌关键技术

应用工程：中铁三局集团科技研发中心工程

施工单位：中铁三局集团建筑安装工程有限公司

2. 关键技术或创新点：

开发了基坑降水回收再利用技术、地下水位自动监测与报警技术、地下水智能回灌技术，保证了地下水回灌的效果，实现了基坑内降水的回收再利用，节水效果显著。

（1）基坑降水回收再利用技术

基坑降水抽取的地下水经过三级沉淀后，过滤到现场的水箱内，水箱与回灌系统的管道连接，当需要回灌时，水箱内的水自动回灌到回灌井内。见图 1.3-1。

（2）地下水位自动监测、报警技术

在观测井内设置水位监测装置，与水位显示器相连接，水位显示器可准确的显示出地下水的水位，当地下水位变化超过预警值时，立刻报警，方便管理。见图 1.3-2。

（3）地下水智能化回灌自动控制技术

当地下水位降到设置的警戒水位时，智能化回灌自动控制系统将自动启动，向回灌井内注水；当水位恢复到正常水位后，智能化回灌自动控制系统将自动停止向回灌井内注水。整个过程全部实现自动化，保证了回灌的及时性和回灌的水量。见图 1.3-3。

3. 应用范围及效果：

本工程基坑施工中利用该技术，实现了对基坑外侧地下水的及时回灌。在工程施工降水期间，基坑周围建筑和道路的沉降变形得到了有效控制，减少了对周边环境的影响，保证施工安全的同时，加快了施工速度，降低了工程造价，保护了地下水资源。

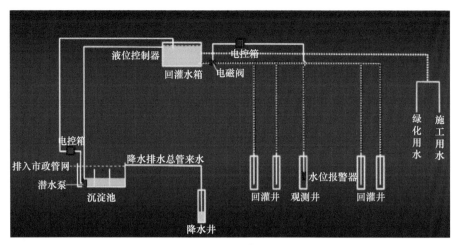

图 1.3-1　智能化回灌系统示意图

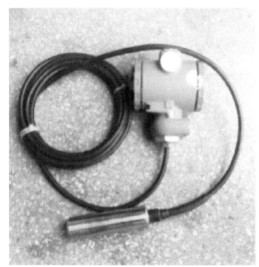

图 1.3-2　水位监控器＋水位报警器

图 1.3-3　自动回灌装置（一）

4

图 1.3-3　自动回灌装置（二）

四、创新技术：五轴搅拌桩清障技术

1. 创新技术名称：五轴搅拌桩清障技术

应用工程：上海市第一人民医院改扩建工程—住院医疗综合大楼工程

施工单位：上海建工二建集团有限公司

2. 关键技术或者创新点：

针对地下分布大量障碍物（单轴及双轴水泥搅拌桩等），为解决因图纸缺失无法准确定位造成难以全数清理的难题，对五轴搅拌桩施工以下内容进行研究、改进，最终确定槽壁加固阶段采用五轴搅拌桩机在成桩过程中直接对原地下障碍物进行清除，即五轴搅拌桩清障、成桩一体化施工。

（1）五轴搅拌桩钻杆加动力头总重超过 60t，利用设备自身的重力和钻头碾压、搅碎原桩身。

（2）调整施工参数进行钻进施工，如遇到桩身强度较高的水泥桩时，主要采用放慢旋转速率、提高钻杆扭矩、保持连续喷浆保护钻头的同时，降低喷浆压力和适当调整水灰比来避免不必要的浪费和大面积的环境污染。

（3）后期钻头磨损严重，切削能力不足时，焊接钨钢刀头。见图 1.4-1。

图 1.4-1　五轴搅拌桩机

3. 应用范围及效果：

通过采取五轴搅拌桩机替代旋挖机、全回旋套管钻机，其清障、成桩一体化施工为项目节约成本，保证了工程质量和进度。

五、创新技术：斜井管片壁后填充技术

1. 创新技术名称：斜井管片壁后填充技术

应用工程：神华神东补连塔煤矿 2 号辅运平硐工程

施工单位：中铁十一局集团有限公司

2. 关键技术或创新点：

（1）考虑到壁后填充作用中的止水需求，提出了按"分区止水"原则进行设计。对整个斜井工程的防排水设计分为三种方式：普通地段采用水泥砂浆；普通地段的分区止水采用双液浆；富水和卵砾石地段采用比双液浆止水效果更好的化学浆液。见图 1.5-1。

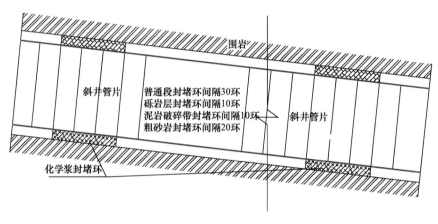

图 1.5-1　斜井管片壁后填充示意图

（2）灌注早强 C20 细石混凝土对仰拱块底部进行超前加固；每隔 30 环选择 2 环注入双液浆（或化学浆液）作为止水封堵环；封堵环之间为豆砾石＋单液浆进行密闭填充的综合施工工艺。

3. 应用范围及效果：

适用于长距离、富水地层斜井工程，侧重于斜井坡度 2°～10°范围之间。管片壁后填充密实、无空洞。

六、创新技术：大埋深盾构机地下完好拆解技术

1. 创新技术名称：大埋深盾构机地下完好拆解技术

应用工程：神华神东补连塔煤矿 2 号辅运平硐工程

施工单位：中铁十一局集团有限公司

2. 关键技术或创新点：

（1）提出了煤矿斜井双模式盾构机地下拆解技术要求，研制了盾构机洞内原位拆解系统结构。

通过模块结构优化和连接面强化，各模块结构的自身和整机技术参数达到双模式盾构机开式和闭式的掘进技术要求；研制了分别适用于原位及扩大硐室的 2 分块结构和 6 分块可拆解式盾体结构；分别适用于原位及扩大硐室的"4＋1"和"6＋1"刀盘分块拆解结构；后配套台车左右框架、中间框架和行走机构的可拆解结构。见图1.6-1。

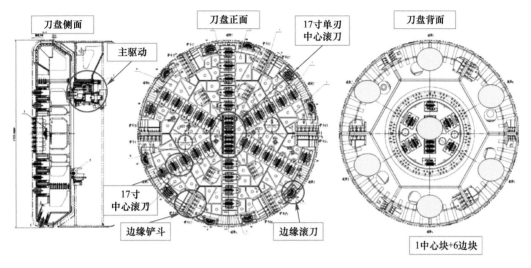

图1.6-1　盾构机刀盘分块设计示意图

（2）研制了煤矿斜井硐内盾构机拆解成套装备

研制了由焊接滑道、支撑底座、吊耳结构等专用拆解装置组合而成的多功能盾构机拆解专用装置和集盾构机大型部件吊装、翻转及运输于一体的CXJ100型盾构机拆解专用装置，可分别适用于原位和扩大硐室的洞内盾构机拆解。

（3）形成了煤矿斜井硐内盾构机拆解施工成套技术，编制了煤矿斜井扩大硐室盾构机拆解操作规程。成果成功应用于神东补连塔煤矿斜井示范工程，实现了拆机整体完好率97％，核心部件完好率达到100％。见图1.6-2。

3. 应用范围及效果：

适应于大埋深斜井盾构机扩大硐室地下拆解。拆机整机完好率达到95％以上，核心部件完好率达到100％。

图1.6-2　盾构机原位地下拆解图

7

第二章 主 体 结 构

一、高空悬挑结构施工工艺

1. 工艺名称：高空悬挑结构施工工艺

应用工程：中铁桥梁科技大厦工程

应用单位：中国建筑第三工程局有限公司

2. 规范要求：

支撑系统安全牢固，轴线允许偏差 8mm，截面尺寸允许偏差＋10，－5。

3. 工艺要点：

(1) 工序：

悬挑防护平台搭设→悬挑支撑承重结构搭设→架体搭设→悬挑结构施工→架体拆除。

(2) 工艺做法：

① 悬挑防护平台搭设：根据计算确定工字钢规格及间距，在结构施工时预埋锚环，将工字钢尾端锚固在结构上。工字钢上铺设钢管，间距 1m，上部满铺安全兜网及防护层，临边搭设单排防护栏。

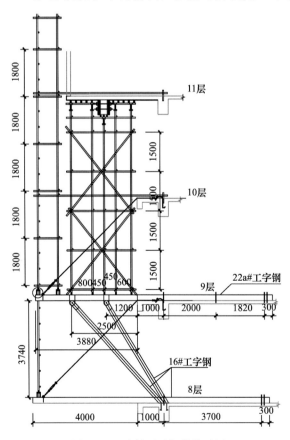

图 2.1-1 防护层及架体构造图

② 悬挑支撑承重结构：悬挑支撑工字钢与斜撑工字钢采用耳板穿销连接，减少高空焊接作业量，斜撑下方与结构施工时预埋钢板进行焊接连接或耳板穿销连接。

③ 架体搭设：在悬挑支撑底座外侧搭设外防护架及支撑模架，立杆间距根据工字钢间距调整，根部焊接长 100mm 的 φ25 短钢筋进行定位，步距 1.8m。

④ 悬挑结构施工：满堂架搭设完成后，按照结构施工顺序进行悬挑结构施工。

⑤ 架体拆除：待结构强度至 100% 后，拆除满堂支撑架。外架拆除时，按照外架→悬挑支撑底座→悬挑操作平台的顺序进行拆除。

4. 节点详图及实例照片（图 2.1-1、图 2.1-2）：

二、大跨度钢网架累积外扩整体提升施工工艺

1. 工艺名称：大跨度钢网架累积外扩整体提升施工工艺

应用工程：西安电子科技大学南校区综合体育馆

应用单位：中建三局集团有限公司

2. 规范要求：

网架组拼单元划分及起吊点合理，挠度满足设计要求，焊缝检测合格，节点连接牢固。

3. 工艺要点：

（1）工序：施工准备→安装提升架→核心单元拼装→提升核心单元至外扩单元拼装位置→拼装外扩单元→提升至设计标高后安装承重支座→卸载、结构安装完成

图 2.1-2　防护层及悬挑承重结构

（2）工艺做法：

① 提升架的位置根据计算确定，在场地中心区域均匀布置，并放线精确定位。提升支架采用格构式支架柱，底部与混凝土基础刚性连接。

② 钢网架核心提升单元在其安装位置的投影面正下方＋0.500m 的地面上拼装成整体，经验收合格后准备首次提升。

③ 首次提升按照设计荷载的加载程度按顺序逐级加载，直至提升单元脱离拼装平台。将核心单元整体提升至外扩单元拼装位置，暂停提升。

④ 以现有边跨结构为工作面，补装施工网架外扩单元结构。外扩单元网架经验收合格后，准备下一次提升施工。

⑤ 每一次网架提升到位后以已有结构为工作面及时对下一次提升区域的网架进行补杆安装，形成整体。循环以上步骤，直至提升至设计标高位置。

⑥ 通过计算机系统的"微调、点动"功能，使各提升吊点均达到设计位置，满足安装要求。安装网架承重支座，液压提升系统各吊点分级卸载，使钢网架结构自重逐渐全部转移至主结构上，达到设计状态，钢网架安装完成。

4. 节点详图及实例照片（见图 2.2-1～图 2.2-3）：

图 2.2-1　网架核心单元拼装

图 2.2-2　网架外扩单元拼装网架分六次拼装和提升过程

图 2.2-3　网架提升到位

三、28m 跨超高变截面框架梁清水混凝土施工工艺

1. 工艺名称：28m 跨超高变截面框架梁清水混凝土施工工艺

应用工程：武清体育场工程

施工单位：天津市武清区建筑工程总公司

2. 规范要求：

（1）模板及支架应具有足够的承载力和刚度，并应保证其整体稳定性。对清水混凝土构件，应使用能达到设计效果的模板。

（2）现浇结构外观质量达到清水效果。

3. 工艺要点：

（1）工序：测量放线→模板支架安装→梁模安装及加固→混凝土浇筑→混凝土表面清理→清水混凝土防护液涂刷

（2）工艺做法：

① 支架安装前立杆测量放线定位，注重主承力杆按方案定位；

② 主承力杆纵横向按方案设置水平拉杆与整体支撑架体拉结，梁下两侧立杆设置纵向连续剪刀撑，横向每间隔 6m 设置一道连续剪刀撑，扫地杆及封顶杆位置设置两道水平剪刀撑，以保证模板支撑系统稳定；

③ 梁模板采用 18mm 厚覆面多层板，侧模加固对拉螺栓间距按方案等距离确定位置，

统一打孔，各梁之间竖向主楞纵横向连为一体，以控制混凝土浇筑发生位移，对拉螺栓在模板内侧设置挡圈；

④ 混凝土由跨中向两侧分层浇筑；

⑤ 对混凝土表面进行清理，涂刷清水混凝土防护液。

4. 节点详图及实例照片（图 2.3-1～图 2.3-3）：

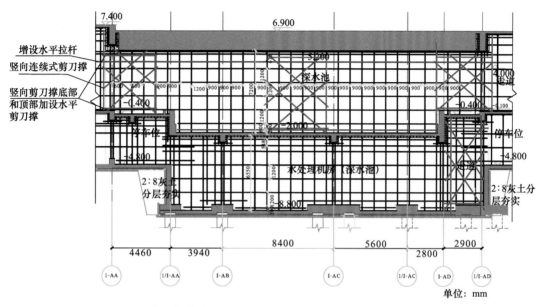

图 2.3-1　全民健身馆地下一层、首层支撑架体搭设横向剖面图（2-2）

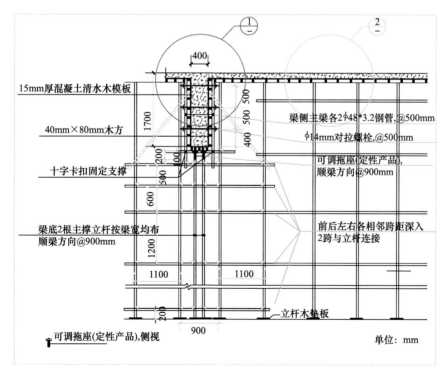

图 2.3-2　400mm×1700mm 大梁及板支模剖面图

图 2.3-3　现场效果

四、V 字形圆柱支撑施工工艺

1. 工艺节点名称：V 字形圆柱支撑施工工艺

应用工程：上海市第一人民医院改扩建工程—住院医疗综合大楼工程

施工单位：上海建工二建集团有限公司

2. 规范要求：

符合清水混凝土构件尺寸允许偏差及外观观感要求。

3. 工艺要点：

（1）工序：

施工准备→测量放线→支架搭设→钢筋安装→模板安装→混凝土浇筑→拆模养护。

（2）工艺做法：

① V 字撑位于中心门厅位置，其内部采用外径为 800mm（壁厚 50mm）圆管柱填芯 C80 混凝土，外包 C60 钢筋混凝土，斜柱为变截面圆柱，下端圆柱截面直径 1358mm，上端圆柱截面直径 1025mm，其成型后直接为清水混凝土；

② V 字撑采用双拼 20a 槽钢，在斜柱重心位置及上端 1/3 位置进行支撑，双拼槽钢下端采用化学螺栓焊接钢板形式进行连接，上端位置与定型钢模板进行焊接连接，V 字撑开叉位置采用两道 20a 槽钢两端焊接拉设防止定型钢模板移位；

③ V 字撑模板全部采用钢构件厂制造的定型钢模，模板间错位控制在不大于 1mm，模板分段制作高度根据圆柱的高度确定，安装涂刷轻机油作为脱模剂，用 75t 汽车吊拼装成整体（见图 2.4-1）；

图 2.4-1　支撑模型示意图

④ 采用自密实混凝土，由于柱体倾斜状并且柱体内钢筋密集，为确保混凝土振捣质量，在模板内置了2个辅助振捣钢圈，用于确保振捣过程中能够有序振捣。见图2.4-2。

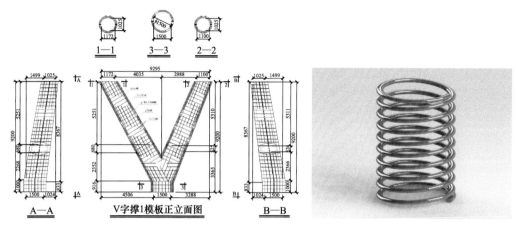

A—A　　　V字撑1模板正立面图　　　B—B

图2.4-2　辅助振捣钢圈

4. 节点详图及实例照片（见图2.4-3、图2.4-4）：

图2.4-3　V字撑实样图　　　　　　图2.4-4　钢模板加工制作

五、劲性柱十字节点钢筋定位施工工艺

1. 工艺名称：劲性柱十字节点钢筋定位施工工艺

应用工程：苏州中心广场D地块7号楼工程

施工单位：中亿丰建设集团股份有限公司

2. 规范要求：

受力钢筋的安装位置、锚固方式应符合设计要求。绑扎钢筋、横向钢筋间距允许偏差为±20mm，纵向受力间距允许偏差为±10mm，排距允许偏差为±5mm。

3. 工艺要点：

（1）工序：

图纸深化→钢柱加工（开孔、连接件焊接）→钢柱安装、矫正→钢筋安装。

（2）工艺做法

① 钢柱加工前，钢结构深化与钢筋翻样需要共同确定钢筋穿孔、焊接还是绕开钢柱，并将劲性柱十字节点提交设计确认；

② 钢结构在深化时应将焊接连接件（连接板、牛腿、套筒等）及钢板开孔加入到深化模型中，使连钢筋接构件及钢板开孔在加工时有详细的定位尺寸；

③ 钢柱总装时，焊接连接件及开孔位置必须采用全站仪进行测量，并进行放线，确保尺寸正确；

④ 预留钢筋孔及钢筋焊接套筒位置需要极其精确，需在工厂机械开孔，穿孔及钢筋套筒制造好后，在工厂预先试穿筋以试验现场施工可实行性；

⑤ 钢柱放线后，必须对钢柱位置进行复测，确保连接件及空洞轴线位置及标高正确，并及时对安装偏差进行矫正；

⑥ 在工厂内对钢柱连接板（牛腿）上的钢筋位置进行放线，确保现场钢筋焊接有定位线；

⑦ 在钢柱上设置临时定位钢筋用于定位绕过钢柱的钢筋。

4. 节点详图及实例照片（见图 2.5-1～图 2.5-2）：

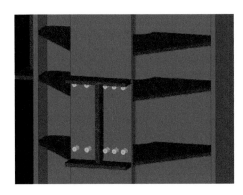

图 2.5-1　牛腿及钢筋套筒（连接器）　　　　图 2.5-2　连接牛腿

六、ALC 墙板安装固定施工工艺

1. 工艺名称：ALC 墙板安装固定施工工艺

应用工程：苏州中心广场 D 地块 7 号楼工程

施工单位：中亿丰建设集团股份有限公司

2. 规范要求：

拼缝砂浆饱满，缝宽不得大于 5mm；拼装大板的高度或宽度两对角线长度差允许偏差 55mm，内墙板墙面垂直度、平整度允许偏差 4mm。

3. 工艺要点：

（1）工序：

ALC 板材固化图设计→测量放线→安装管卡→安装板材→固定管卡→嵌缝及板缝修补。

（2）工艺做法：

① 主要材料：C 形槽 ALC 板材、管板、不锈钢厚薄板、接缝钢筋等。对板材施工区进行电脑放样及节点设计，避免后期开洞及板材裁切浪费；

② 根据图纸放线，放出墙体、门窗洞口等位置，复核尺寸后对板材进行裁切；

③ 墙板的安装顺序应从门洞处向两端依次进行，门洞两侧用整块板。无门洞口的墙体应从一端向另一端顺序安装；

④ 墙板支座采用 1：3 水泥砂浆找平。安装第一片板材时在板材上端两侧各 80mm 处

分别钉入一只管卡；

⑤ 板材临时固定后，贴板边缝在混凝土梁或板底上下各置入一只有内螺纹丝管，各放入一根带有丝牙的 500mm 长 $\phi8$ 接缝钢筋，最后注入 1∶3 水泥砂浆；

⑥ ALC 板块拼接槽内满批浆（ALC 专用粘合剂）；

⑦ 墙转角处和丁字墙处，可采用 $\phi6$ 或 $\phi8$、$L=300\sim400$mm 销钉加强，沿墙高共 2 根，分别位于距上下各 1/3 处，以 30°方向打入；

⑧ 墙板安装完成后，在板缝及水电后开槽部位表面挂网格布增强抗裂效果。

4. 节点详图及实例照片（见图 2.6-1）：

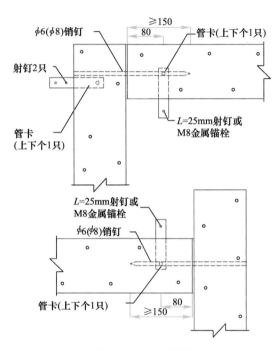

图 2.6-1　节点详图

七、聚氨酯泡沫塑料养护膜

1. 工艺名称：聚氨酯泡沫塑料养护膜

应用工程：中国卫星通信大厦工程

施工单位：中国建筑一局有限公司

2. 规范要求：

养护膜包裹构件严密，不粘连混凝土。

3. 工艺要点：

（1）工序：

拆模→粘磁铁片→铺养护膜→安装磁铁→粘结胶带→浇水养护。

（2）工艺方法：

① 混凝土竖向构件拆模后，立即在构件表面设置铁片，铁片直径约 50mm，厚约 1.5mm，并经过防锈处理，铁片按 500mm×1000mm 间距见方布置，采用玻璃胶与混凝土竖向构件进行粘贴；

② 待磁铁片粘结强度达到1MPa后，将新型混凝土竖向构件养护材料铺放在混凝土表面，使聚氨酯泡沫塑料层的内侧面朝向混凝土竖向构件；

③ 在养护材料的外侧面，即TPU薄膜一侧，对应铁片的位置安装高强磁铁，利用高强磁铁对铁片的强吸附性将养护材料固定在混凝土表面上；

④ 混凝土竖向构件的墙、柱边角周围、相邻养护片的边沿等不严密的部位利用胶带将其粘贴严密；

⑤ 配专人每天上下午各浇一次水，浇水时从上口缓慢注水，至聚氨酯泡沫塑料层达到饱和即可停止；

⑥ 达到混凝土竖向构件养护时间后，直接将用于粘结的胶带、固定的高强磁铁、安装的铁片等取下，对养护材料进行清理，周转至下一部位进行施工，至此养护完成。

4. 节点详图及实例照片（见图2.7-1）：

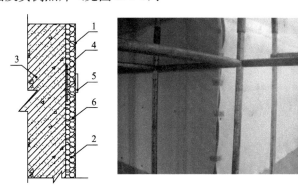

图 2.7-1 节点详图和照片

1—TPU薄膜；2—聚氨酯泡沫塑料层；3—混凝土竖向构件；4—铁片；5—高强磁铁；6—水

八、创新技术：超大钢筋混凝土梁固定钢支架及钢筋绑扎施工技术

1. 创新技术名称：超大钢筋混凝土梁固定钢支架及钢筋绑扎施工技术

应用工程：中国石油科技信息楼工程

施工单位：江苏南通三建集团股份有限公司

2. 关键技术或创新点：

（1）工法关键技术：《超大钢筋混凝土梁固定钢支架技术》取得国家实用新型专利。《超大钢筋混凝土梁固定钢筋支架结构及其钢筋绑扎技术》取得国家发明专利。

在预先支设好的大梁底模板上，先支立并固定预制好的与大梁主筋同规格的梯子形门式钢筋支撑架，间距2～3m，先立距节点处0.60～1.50m处的钢筋支撑架。分段施工，从节点开始铺放主筋，先铺放上部梁主筋，由下向上逐排铺放，并探头1m左右，穿挂箍筋，穿插主筋，穿插下部几排主筋时，由下向上逐排穿排主筋。钢筋支架下部除最下一道钢筋托杠预先焊好外，其他托杠均在下排主筋铺放就位后焊接，由下向上逐档焊接。梁主筋（采用直螺纹套管连接）穿插完成后调整箍筋位置并绑扎，箍筋绑扎完成后绑扎梁侧面水平构造筋，穿绑水平拉筋。

（2）创新点：

① 在预先支设好的大梁底模板上，先支立并固定预制好的与大梁主筋同规格的梯子形钢筋支撑架；

② 分段施工，从节点开始铺放主筋，先铺放上部梁主筋，由下向上逐排铺放，并探头 1m 左右，穿挂箍筋，穿插主筋，穿插下部几排主筋时，由下向上逐排穿排主筋；

③ 钢筋支架下部除最下一道钢筋托杠预先焊好外，其他托杠均在下排主筋铺放就位后焊接，由下向上逐档焊接。梁主筋穿插完成后调整箍筋位置并绑扎，箍筋绑扎完成后绑扎梁侧面水平构造筋，穿绑水平拉筋。

3. 应用范围及效果：

适用于高大钢筋混凝土梁、钢筋多的混凝土大梁钢筋骨架绑扎施工。工艺流程少，工艺简单，在宽平的底模上施工安全，质量可控，缩短工期 25%～30%，节约费用 5%～8%。相关图片见图 2.8-1～图 2.8-4。

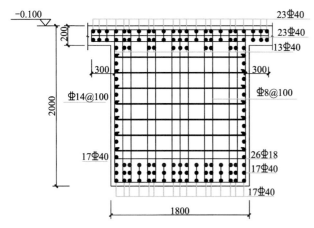

图 2.8-1 大梁剖面图

图 2.8-2 钢筋绑扎后的大梁局部图

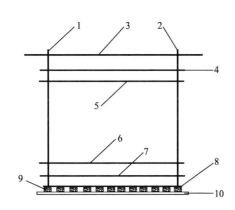

图 2.8-3 固定钢筋支架

图 2.8-4 固定钢支架钢筋绑扎

1、2—立柱（直径为 40mm 的三级钢筋），3—上铁最上一排主筋托杠（直径为 40mm 的三级钢筋）；4—上铁第二排主筋托杠（直径为 40mm 的三级钢筋）；5—上铁第三排主筋托杠（直径为 40mm 的三级钢筋）；6—下铁第一排主筋托杠（直径为 40mm 的三级钢筋）；7—下铁第二排主筋托杠（直径为 40mm 的三级钢筋）；8—下铁第三排主筋托杠（直径为 40mm 的三级钢筋）；9—保护层垫块；10—梁底模板

九、创新技术：超高层弧形楼板结构定制钢侧模施工技术

1. 创新技术名称：超高层弧形楼板结构定制钢侧模施工技术

应用工程：昆泰嘉瑞中心工程

施工单位：中国建筑一局集团有限公司

2. 关键技术或创新点：

通过对弧形（异形）楼板数据分析，考虑模板重量和人工搬运等因素，运用BIM技术自主设计，优化配模数量、长度及模板连接、固定方式，定制与结构弧度保持一致的定制弧形钢模板。见图2.9-1～图2.9-3。

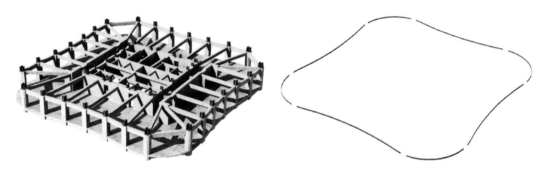

图2.9-1 弧形楼板结构效果图

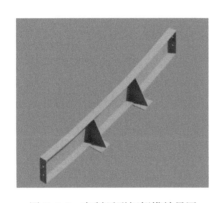

图2.9-2 定制弧形钢侧模效果图

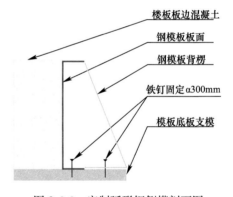

图2.9-3 定制弧形钢侧模剖面图

运用BIM技术针对弧形（异形）板边线深化模板设计，创新模板间螺栓连接节点及定制钢模板与楼板模板结合的支设体系。

3. 应用范围及效果：

定制弧形钢模板周转次数高达200次（传统木模6～7次），降低成本50%；安拆快速，提高速率60%，减少工期；成型质量高，观感好。工程实景见图2.9-4。

十、创新技术：高空大悬挑结构混凝土模板支撑技术

1. 创新技术名称：高空大悬挑结构混凝土模板支撑技术

应用工程：开封海汇中心工程

施工单位：浙江宝业建设集团有限公司

2. 关键技术或创新点：

本工程设计为多悬挑结构，屋面混凝土挑檐挑出长度为3.4～5.4m，悬挑梁最大高度

图 2.9-4　工程实景照片

为 1.5m，距地面最大高度 59.1m，属于高空大悬挑结构，构件荷载大，支模架受力、变形复杂。见图 2.10-1、图 2.10-2。

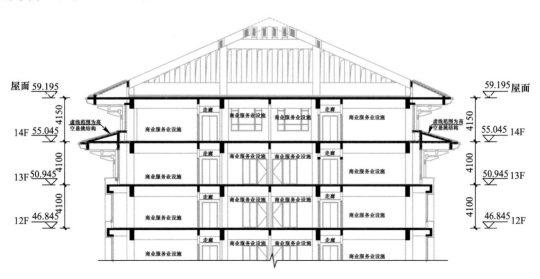

图 2.10-1　屋面剖面图

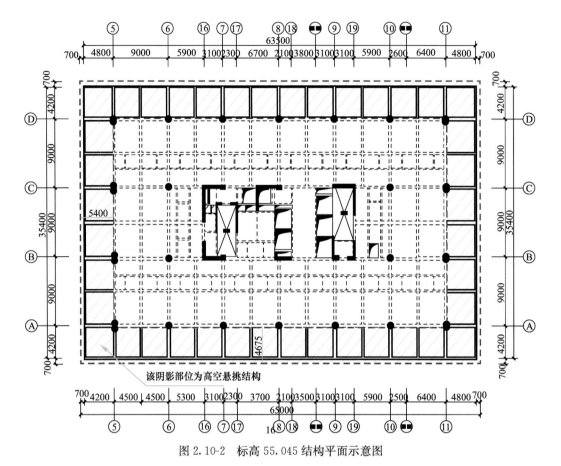

图 2.10-2 标高 55.045 结构平面示意图

采用传统落地支模架，因支模架搭设高度超过 30m，属超高支模架，无法施工。且悬挑结构混凝土模板支架需沿建筑物周边搭设，搭设的量大，采用落地架搭设方案费用高，浪费大。

根据本工程特点，对屋面挑檐混凝土结构模板支撑架，采用下撑式型钢悬挑模板支架体系施工。其关键技术如下：

（1）合理选择模板支撑体系。本工程采用工字钢做悬挑梁，用 3 个 φ16 锚固螺栓将工字钢悬挑梁锚固在屋盖楼板的下一层楼板上。工字钢悬挑梁上铺设槽钢，槽钢与悬挑工字钢梁固定，在工字钢梁外端搭设作业脚手架，在水平槽钢梁上搭设支模架。为使悬挑工字钢梁稳定承载，采用槽钢斜撑支撑工字钢梁。

（2）建立准确的受力分析计算模型，通过计算分析确定各类支撑杆件规格及支撑架体结构尺寸。本工程根据现场条件和受力分析计算结果。屋面梁板支模架采用钢管扣件支模架体系，立杆纵横间距 900mm×900mm，步距 1.2m。工字钢悬挑梁采用 16 号工字钢，水平间距按 1.4m 布置，每根工字钢梁长 9m，外挑出长度为 3.75～5.3m。上铺水平槽钢钢梁为 14 号槽钢，水平间距 900mm。16 号工字钢悬挑梁下斜撑槽钢为 14 号槽钢，间距同水平工字钢梁为 1.4m。见图 2.10-3。

（3）悬挑支撑架结构体系的稳定。

① 悬挑工字钢梁的锚固。通过计算每根工字钢梁采用 φ16 锚固螺栓三道锚固，锚固螺栓在楼板锚固点处有上拔力作用在楼板上，通过计算楼板内所配负弯矩钢筋能够满足要求；

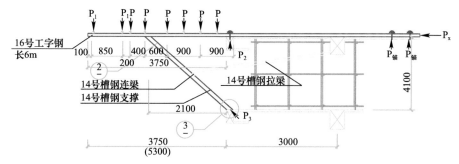

图 2.10-3 高空大悬挑结构模板支架受力计算简图

② 工字钢悬挑梁下斜撑 14 号槽钢的稳定。根据计算，在斜撑槽钢中间设一道纵向水平 14 号槽钢，并在每个斜撑槽钢中间与已搭设的上层楼板的模板支撑架连接一根 14 号水平槽钢，保证了斜撑的稳定；

③ 钢管扣件模板支撑体系的稳定。在屋面支模架周边及纵向每隔 4 根立杆设一道竖向剪刀撑，在模板支撑架的顶部和底部各设一道水平剪刀撑。

3. 应用范围及效果：

本工程所有屋面挑檐部位均采用本支撑技术施工。该支撑体系搭设操作简便，节省人工，缩短了工期，降低了成本。见图 2.10-4。

图 2.10-4 施工现场

十一、创新技术：超高、大尺寸悬挑结构混凝土支撑施工技术

1. 创新技术名称：超高、大尺寸悬挑结构混凝土支撑施工技术

应用工程：中关村资本大厦工程

施工单位：北京城建集团有限公司

2. 关键技术或创新点：

该工程 9 层、10 层至顶层，悬挑结构长 3.65m，距地高度最高达 45m。属高层，多层超大悬挑结构。为解决施工现场狭小的施工难题，现场创新采用三角桁架与盘扣式脚手架相结合的支撑体系。

结合工程实际情况，分别在八层和九层顶板上预支悬挑型钢三角托架作为悬挑顶板支撑架的基础，刚度大，稳定性高，用材较少，操作较为简捷。九层北侧布置 30 个三角托架，十层西侧布置 21 个三角托架，托架间距为 1200mm、1500mm。

悬挑板处支撑体系由三角形悬挑托架、十字盘脚手架组成、20 号木工字梁、50mm×100mm 方木、15mm 厚多层板组成。见图 2.11-1～图 2.11-4。

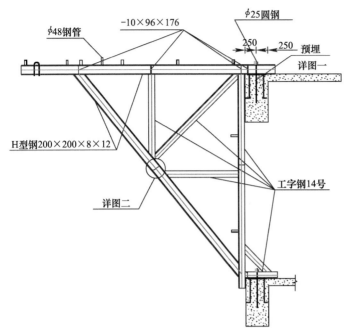

图 2.11-1　悬挑托架设计

图 2.11-2　悬挑托架实体安装

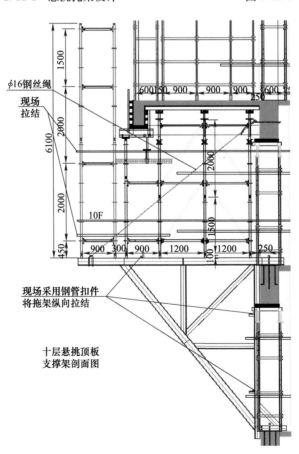

图 2.11-3　悬挑托架支撑体系示意图

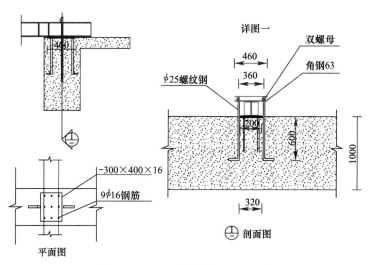

图 2.11-4　基础与结构间固定节点

3. 应用范围及效果：

由项目自行设计的型钢三角托型钢三角架体，刚度大，稳定性高，用材较少，操作较为简捷，解决了超高、大尺寸悬挑结构模板支撑问题。与传统满堂红落地脚手架相比，节约成本，缩短了工期。

十二、创新技术：看台板长度可调节模板技术

1. 创新技术名称：看台板长度可调节模板技术

应用工程：枣庄体育场工程

施工单位：中建八局第一建设有限公司

2. 关键技术或创新点：

对于截面尺寸相同、长度不同的看台板，研制出两端堵头为可调节的钢模板。将钢模板两端堵头制作成活动的，在其背面制作相应的螺栓孔与丝杆一端连接；在钢模板的端部利用方钢制作相应螺栓孔与丝杆另一端连接固定。通过调节堵头与钢模板端部之间丝杆长度，可以调节堵头位置以实现看台板长度的变化。本工程的 2145 块看台板仅使用 38 套模板，大大减少了模板的用量，节约了成本。通过调节板长，有效地控制了板缝的一致性。见图 2.12-1。

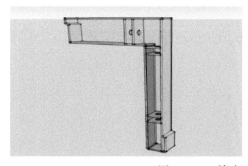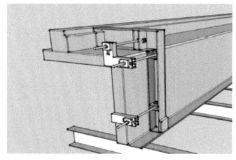

图 2.12-1　堵头可调节钢模板模拟

3. 应用范围及效果：

应用于大型体育场馆工程预制看台板的加工制作，可减少钢模板的用量，同时又能调节看台板端面角度，有效地控制了板缝的一致性。既达到了节材的目的，又确保了看台板

端面角度加工精度的效果。见图 2.12-2。

图 2.12-2　施工现场

十三、创新技术：铝—木模板连接节点施工技术

1. 创新技术名称：铝-木模板连接节点施工技术

应用工程：昆泰嘉瑞中心工程

施工单位：中国建筑一局集团有限公司

2. 关键技术或创新点：

将传统的木模体系与铝模板体系结合使用，核心筒水平竖向结构采用新型铝合金模板配合早拆体系，外框灵活多变的水平结构采用木模板施工，形成了具有开创性的铝-木模板结合体系。见图 2.13-1、图 2.13-2。

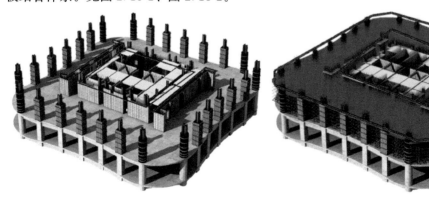

图 2.13-1　核心筒水平＋竖向结构：铝模板体系　　图 2.13-2　外框筒水平结构：散拼木模板体系

（1）首次将铝合金模板与木模板体系组合应用于超高层施工。见图2.13-3。

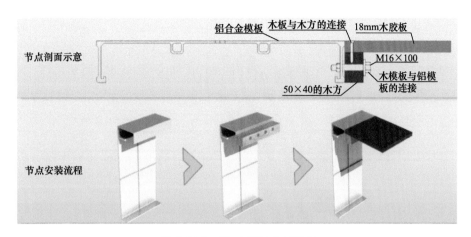

图2.13-3　铝-木模结合示意图

（2）首创铝木模板连接节点，使用钉子将50mm×40mm木方与18mm木胶板连接，做出L形连接骨架与铝模板拼接，L形骨架与铝模板拼接采用M16×100螺母穿孔连接，广泛适用两种模板的墙与板、板与板之间连接。

3. 应用范围及效果：

应用于本项目1号楼核心筒铝模板体系与外框筒木模板体系的结合。

超高层应用铝-木模板组合体系施工，可实现内外筒同步4～5d/层的快速施工，提高

图2.13-4　铝-木模板结合处节点效果

工效；材料可人工倒运，减少塔吊占用；混凝土成型质量美观，结构内坚外美，剪力墙表面光滑平整，梁、柱构件尺寸定位精准。见图2.13-5、图2.13-6。

图2.13-5　核心筒剪力墙

图2.13-6　梁柱节点

十四、创新技术：大体积防辐射混凝土施工技术

1. 创新技术名称：大体积防辐射混凝土施工技术

应用工程：天津新区医院工程

施工单位：天津住宅集团建设工程总承包有限公司

2. 关键技术或创新点：

3.1m厚防辐射混凝土施工，采用外加剂降低混凝土水化热，并在墙内加设抗裂钢筋网片，设置止水对拉螺栓、预埋蛇形石英管，五面整体分层浇筑无缝施工并及时养护。确保了墙体结构无开裂情况，提高了墙体防辐射的能力。见图2.14-1～图2.14-3。

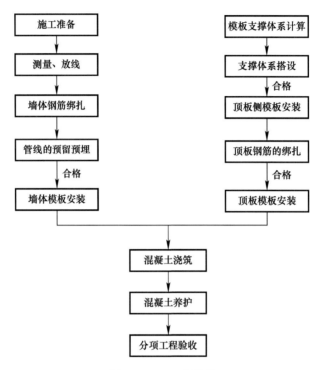

图 2.14-1　工艺流程

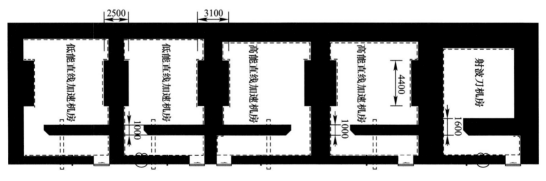

图 2.14-2　结构简图

4. 应用范围及效果：

适用墙体与楼板厚度＞2m的超大体积防辐射混凝土施工。

采用该工法施工相邻两个机房的隔墙辐射防护只需要在墙体的一侧安装铅板就能达到辐射防护要求，减少浪费，节约成本，平均每道墙能节省2万元。见图2.14-4。

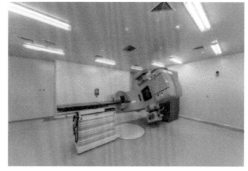

图 2.14-3　施工现场　　　　　　　　　　图 2.14-4　现场照片

十五、创新技术：双曲渐变超高层爬架体系施工技术

1. 创新技术名称：双曲渐变超高层爬架体系施工技术

应用工程：中铁三局集团科技研发中心工程

施工单位：中铁三局集团建筑安装工程有限公司

2. 关键技术或创新点：

（1）多角度斜面爬升施工技术

工程外轮廓为双曲渐变的八边形，每个立面均为凸形的缓和曲面，每个楼层与上下楼层均不在一个垂直面上，相差为 100～250mm，为了保证架体与每个楼层之间的距离保证在 300～400mm 之间，且随着外立面的不断变化来调整架体的角度，采用了地爬式水平钢梁。钢梁沿水平方向进行移动调整，从而实现了附着式升降脚手架架体与主体结构之间的尺寸控制以及外立面架体调整，确保了爬升作业顺利。

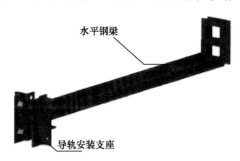

图 2.15-1

在架体最上一层的每一个地爬式水平钢梁处使用 5t 千斤顶顶推或使用手拉葫芦调节架体，用以实现爬架体系向外侧倾斜或向内侧倾斜的姿态调整。在姿态调整过程中，保持下层地爬梁与中层地爬梁联动，直至架体的姿态与建筑物外形保持平行，再固定架体。

（2）架体空中调整再拆拼技术

① 根据楼层外轮廓几何尺寸的变化情况，采用了方便空中拆装的小型单元体，长度为 400～1200mm，随楼层变化多次调整附着式架体轮廓满足了施工需求。

图 2.15-2

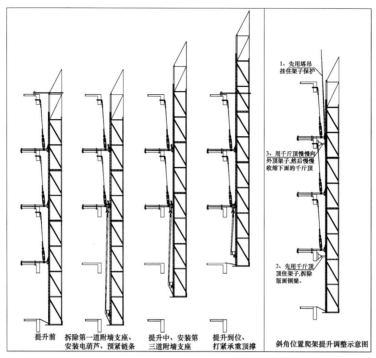

図中の注記（右側）:
1、先用塔吊挂住架子保护
3、用千斤顶慢慢向外顶架子,然后慢慢收缩下面的千斤顶。
2、先用千斤顶顶住架子,拆除版面钢梁。

提升前 ｜ 拆除第一道附墙支座、安装电葫芦、预紧链条 ｜ 提升中、安装第三道附墙支座 ｜ 提升到位、打紧承重顶撑 ｜ 斜角位置爬架提升调整示意图

图 2.15-3

② 当楼层外轮廓几何尺寸发生变化时,用塔吊辅助拆除结构尺寸变小部位的小型单元体,吊装到结构尺寸变大部位进行安装,同时对外立面和水平面进行封堵,以保证施工期间的安全。

(3) 架体斜爬安全防护技术

① 针对本工程复杂施工环境,建立了集防倾装置、防坠装置、安全防护网、安全防护监控于一体的紧邻城市主干道施工"防护墙",解决了建筑外形复杂多变的超高层建筑主体外防护施工技术难题。

② 动轨式爬架的防倾功能是主要通过附墙导向座和动轨的共同作用实现的,由主框架、导向轨、导向轮、附墙支座组成。

架体的调整共进行三次,分别在23层、29层和35层

图 2.15-4　拆除结构尺寸变小部位的小型单元体

把尺寸变小的角部最外侧小型单元体用塔吊辅助拆除

图 2.15-5　吊装到结构尺寸变大部位

③ 防坠落装置为摆针式结构，架体提升时利用防坠装置重心与销孔不在同一竖向直线，且防坠装置由于重力倒向升降架轨道一侧，从而不妨碍架体提升。当整体架发生意外坠落时，防坠落装置由于支座角钢限位块不能向下摆动，使得架体停止向下运动。见图 2.15-6。

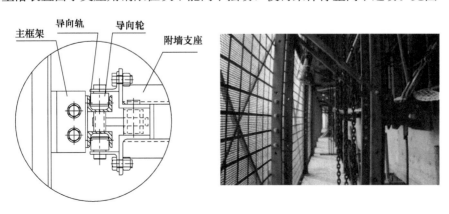

图 2.15-6　爬架体系及防坠落装置（一）

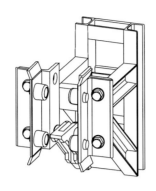
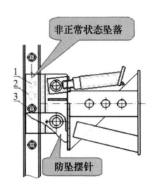

图 2.15-6 爬架体系及防坠落装置（二）

3. 应用范围及效果：

该双曲渐变附着式爬架体系具有架体重量轻、拼装和拆除速度快、防护效果好等优点，解决了超高层不规则外立面多角度斜面爬升、架体空中二次组拼、架体斜面爬升防倾覆等技术难题。工程主体结构施工期间运用该技术，确保了主体结构施工期间的安全与进度要求。

十六、创新技术：沉淀池花格墙过水洞排布施工技术

1. 创新技术名称：沉淀池花格墙过水洞排布施工技术

应用工程：石家庄市南水北调配套工程-良村开发区地表水厂（一期工程）

施工单位：河北省第二建筑工程有限公司

2. 关键技术或创新点：

采用预制的六面芯模作为过水洞模具。首先支设墙体一侧模板；然后根据过水洞的位置放线，按照施工线固定好芯模，每排芯模均用施工线同时在水平和垂直方向拉直，检查每个芯模的位置，偏差超过＋8mm 的进行调整，保证芯模位置符合规范要求；再安装另一侧模板；最后在芯模中心穿入螺栓固定。

在木工加工芯模时，检查每块半成品模板的尺寸和成型后芯模的尺寸，每块模板的尺寸偏差在＋3mm 内，成品芯模尺寸偏差在＋6mm 内，如不符合要求严禁使用。

3. 应用范围及效果：

沉淀池花格墙模板拆除后，质量观感良好，208 个过水洞要求间隔均匀、排列整齐、尺寸正确。见图 2.16-1。

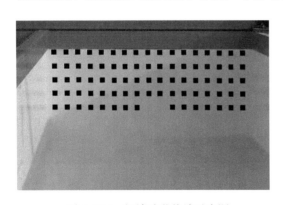

图 2.16-1　沉淀池花格墙过水洞

十七、创新技术：151m 大跨屋盖跨中两点式有约束提升施工技术

1. 创新技术名称：151m 大跨屋盖跨中两点式有约束提升施工技术

应用工程：哈尔滨万达茂

施工单位：中国建筑第二工程局有限公司

2. 关键技术或创新点：

（1）关键技术：

① 两个提升点布置在跨中 1/3，在提升点处设置临时提升架，解决了屋盖跨度大跨中变形大的问题。通过在跨中设置提升架，克服了无法利用原结构支点进行提升的难题，使得钢结构提升的适用范围大幅扩大；由计算机控制的水平约束系统解决了提升架无法设置缆风绳的问题，大幅提高了钢结构提升施工的安全性；将大量的焊接高空焊接作业转换成地面作业，焊接质量得到保证。充分利用塔吊特点，提升施工效率，节约工期、成本。见图 2.17-1。

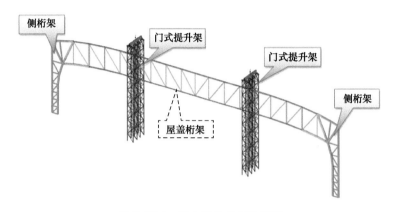

图 2.17-1　跨中提升单榀轴测图

② 梁受荷点位置做人字撑的形式将竖向力通过支撑传递给两边混凝土柱上；在支撑架底部做框架转换形式，将支撑架传递的竖向力通过钢梁转换到周边的柱子上。解决了钢结构下部混凝土楼板、梁承载力低的问题。见图 2.17-2、图 2.17-3。

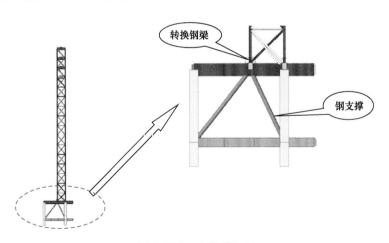

图 2.17-2　人字撑加固

（2）创新点：在被提升的屋盖（盖钢结构工程量 6000t，）置由计算机控制的卷扬机约束系统。使得被提升屋盖在遇到大风等意外情况时，导致屋盖水平晃动的问题得到有效控制，确保提升架安全性能。见图 2.17-4。

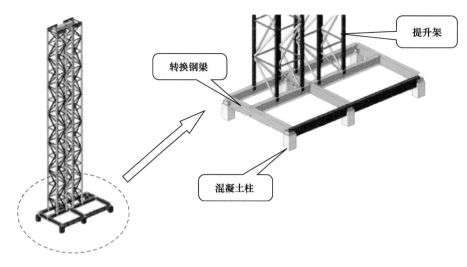

图 2.17-3　提升架根部转换梁

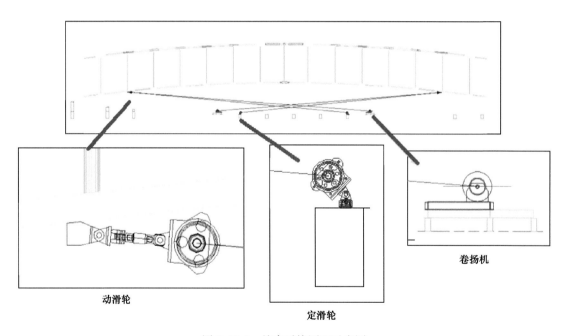

图 2.17-4　约束系统原理示意图

3. 应用范围及效果：

适用于各类大跨度钢结构屋盖，尤其是场地狭窄或者在两侧吊装难度大的工程。

十八、创新技术：复杂曲面水滴形外罩钢结构施工技术

1. 创新技术名称：复杂曲面水滴形外罩钢结构施工技术

应用工程：江苏大剧院

施工单位：中国建筑第八工程局有限公司

2. 关键技术或创新点：

根据结构特点，将整体结构进行合理分段划分，所有分段在工厂内加工制作完成，再

运到现场，结合土建结构特点及现场实际情况钢结构吊装采用大型行走式塔吊和大型履带吊相结合的方式进行安装。安装时考虑从两侧对称安装，安装顺序依次是：先内环梁，再斜柱和顶环梁分段。将顶环梁分段对应的顶盖拉梁安装完成使结构形成局部的稳定体系，然后依次沿着环向对称安装，直至整体结构安装完成。见图 2.18-1。

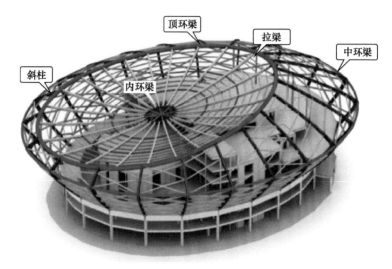

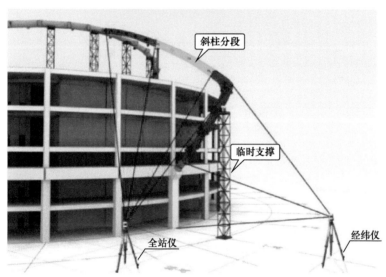

图 2.18-1　关键技术

3. 应用范围及效果：

应用于江苏大剧院四个单体钢结构施工。

采用数字化模拟预拼装，消除了加工和安装误差，保证了安装精度；利用多倾角斜柱安装技术、人机动态互换技术，解决了安装过程的精准定位问题。

采取环境综合分析法，整合优化吊装资源，合理布置行走式塔吊，解决了不规则造型密集群体建筑的钢结构的施工难题，提高了施工效率，节约了施工成本。效果见图 2.18-2、图 2.18-3。

图 2.18-2　江苏大剧院外景 1

图 2.18-3　江苏大剧院外景 2

第三章 屋 面

第一节 屋面保护层

一、细石混凝土屋面保护层施工工艺

1. 工艺名称：细石混凝土屋面保护层施工工艺

应用工程：青岛大学附属医院东区综合病房楼及门诊实训综合楼工程

应用单位：荣华建设集团有限公司、中启胶建集团有限公司

2. 规范要求：

屋面防水等级及排水坡向符合设计要求；混凝土应振捣密实，表面应抹实压光，分格缝纵横间距不应大于6m，分格缝的宽度宜为10～20mm；细石混凝土表面不得有裂纹、脱皮、麻面和起砂等现象；表面平整度≤5.0mm，缝格平直≤3.0mm。

3. 工艺要点：

（1）工序：

现场量测→二次深化设计→管根处理→保温层施工→找坡层施工→卷材防水层施工→屋面细部处理→细石混凝土保护层施工。

（2）工艺做法：

① 施工前，对现场尺寸实地测量，在分格缝间距满足规范的情况下进行二次深化设计，女儿墙根部外出300mm处设置一道300mm宽石材排水沟，最低处100mm，坡度2%；分格缝按2m纵横向设置，宽度为20mm，分格缝两侧各涂刷50mm宽黄色油漆。

② 穿过屋面和墙面等结构层的管根部位，先用细石混凝土加微膨胀剂填塞密实，管根固定牢固。

③ 保温板按照设计要求铺设，保温板紧靠在基层表面铺平垫稳，不得有晃动现象，相连接缝相互错开，板间缝隙严密。

④ 找坡层设分格缝，缝宽20mm，缝内嵌聚苯条，分格缝从女儿墙处开始留设，纵横缝间距2m，并与其他分格缝相适应。

⑤ 卷材防水屋面基层与突出屋面的结构（女儿墙、立墙、天沟墙、变形缝等）连接处、基层的转角处（水落口、天沟、檐沟、屋脊等）均应做成圆弧，圆弧半径为20mm。卷材收头应压入凹槽，采用金属压条钉压，并用密封材料封闭。

⑥ 屋面排水坡度符合设计和规范要求，水落口周围直径500mm范围内做成不小于5%的坡度，水落口杯与基层接触处留20mm宽20mm深凹槽，嵌填密封材料。将四周的卷材顺铺雨水口内不小于100mm。

⑦ 屋面孔洞用防水混凝土封堵，屋面防水层做完后，要进行不少于24h的浇水蓄水试验，经检查无积水、渗漏为合格，并做好试水记录。

⑧ 屋面细石混凝土面层采用跳仓法连续浇筑，用平板振动器振实，待表面泛浆后，采用拉板搓平压实、泥板压光。混凝土终凝后及时覆盖薄膜、湿润毛毡，养护时间不少于14d。整体面层养护成型后，剔除预理的挤塑板，在缝隙内嵌填干硬性水泥砂浆，预留

20mm 高度采用耐候胶填充严密。

4. 节点详图及实例照片（见图 3.1-1～图 3.1-4）

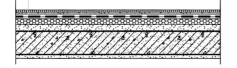

1. 40mm厚C20细石混凝土保护层随打随抹平压光扫毛，内配φ4@200双向钢筋网片(钢筋网在分格处断开)
2. 4mm厚SBS改性沥青防水卷材
3. 20厚1:2水泥砂浆找平压光
4. LC5.0轻骨料混凝土，最薄处30厚找坡2%
5. 60厚阻燃挤塑苯板，压缩强度>250
6. 20厚1:3水泥砂浆保护层
7. 1.5厚聚氨酯防水涂膜
8. 厚聚合物砂浆找平
9. 现浇钢筋混凝土屋面板

图 3.1-1　细石混凝土屋面做法示意图　　　　图 3.1-2　细石混凝土屋面实例

图 3.1-3　细石混凝土屋面　　　　　　　　图 3.1-4　细石混凝土屋面排水沟

二、饰面砖屋面保护层施工工艺

1. 工艺名称：饰面砖屋面保护层施工工艺

应用工程：苏州中心广场 D 地块 7 号楼工程

应用单位：中亿丰建设集团股份有限公司

2. 规范要求：

屋面防水等级及排水坡向符合设计要求；屋面排砖自然美观、规划整齐、颜色均匀，尽可能全部整砖；与基层粘贴牢固，无空鼓；表面平整度偏差≤4mm，缝格平直度≤3mm，接缝高低差≤1.5mm，板块间隙宽度≤2.0mm。

3. 工艺要点：

（1）工序：

现场量测→CAD 辅助排砖设计→测量放线→贴砖→养护→勾缝。

（2）工艺做法：

① 根据现场量测屋面尺寸，结合屋面造型、柱网、凸出物等进行整体策划，确定分格缝及砖缝大小，分格缝与女儿墙分格缝对缝，分格缝纵横间距不宜大于 6m，缝宽为 20～30mm，缝深为 5～10mm，缝内填嵌柔性密封材料，并做好返碱处理。

② 按照分格缝将整个施工平面分成若干小块进行排版设计。排版原则：分格缝两侧饰面砖采用黄色。女儿墙竖缝与屋面砖缝对齐。排气孔、落水口等均布置在饰面砖中心位置。

③ 屋面找平层施工完成后根据 CAD 排版图纸，将分格缝边线弹出。按照排版图弹出每块砖缝位置，进行铺贴。铺贴后及时将面砖表面砂浆等清理干净。

④ 对饰面砖进行洒水养护，除养护人员，严禁踩踏、堆载。

⑤ 养护 7d 后用水泥砂浆对饰面砖缝进行嵌缝处理。嵌缝均匀整齐，下凹一致，起引导水流作用，嵌缝后及时清理砖面。

⑥ 再次对饰面砖进行养护。

4. 节点详图及实例照片（见图 3.1-5、图 3.1-6）：

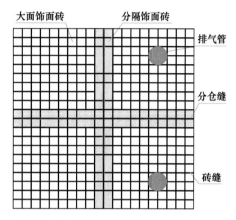

图 3.1-5　饰面砖屋面保护层排版示意图

图 3.1-6　饰面砖屋面保护层实例图（一）

图 3.1-6　饰面砖屋面保护层实例图（二）

三、屋面镶嵌 LOGO 施工工艺

1. 工艺名称：屋面镶嵌 LOGO 施工工艺

应用工程：和田市北京医院建设工程

应用单位：北京建工四建工程建设有限公司

2. 规范要求：

设计美观、与屋面地砖交接顺直美观。

3. 工艺要点：

（1）工序：

尺寸量测→深化设计→弹线定位→切割异形瓷砖→贴砖→勾缝。

（2）工艺方法：

① 测量屋面实际尺寸，对屋面进行整体策划和深化设计，确定"北京援建"LOGO位置、尺寸及颜色；

② 弹控制线，为提高圆环内屋面砖就位精度，增设＊字及井字型控制线；

③ 按照排版，切割异形瓷砖，控制尺寸偏差在±2mm 以内；

④ 铺贴时，先粘贴蓝色标志行砖，再粘贴红、白色圆环砖，最后粘贴环内、外环砖；

⑤ 圆环砖铺贴时，按照＊字线均分为 6 份，先铺贴＊字线两侧的各两块红、白色等腰梯形砖，然后再向两侧对称铺贴，减小累积误差；

⑥ 铺贴完成后用勾缝剂勾缝，缝深 2～3mm。

4. 节点详图及实例照片（见图 3.1-7、图 3.1-8）：

 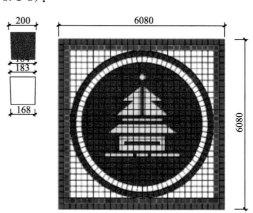

图 3.1-7　屋面镶嵌"北京援建"LOGO 实例图　　图 3.1-8　"北京援建"LOGO 细部节点做法

第二节 屋 面 防 水

一、TPO 防水节点施工工艺

1. 工艺名称：TPO 防水节点施工工艺

应用工程：华晨宝马汽车有限公司大东工厂第七代新五系建设项目涂装车间、（EEX）总装车间主车间

应用单位：中国建筑第八工程局有限公司

中国建筑第五工程局有限公司

鞍钢建设集团有限公司

2. 规范要求：

TPO 防水卷材采用自动焊机焊缝焊接固定工艺，短边采用不固定方式直接热风焊接，卷材的搭接宽度为 80mm。

3. 工艺要点：

（1）工序：

屋面基层验收交付→屋面清理→铺设隔汽层→铺设岩棉保温层→固定保温层→铺设 TPO 防水卷材并机械固定→屋面节点处理→完工清理→成品保护→验收。

（2）工艺做法：

① 隔汽层、保温层、TPO 卷材铺设好以后，保证同步进行，依次循环操作，用热风自动焊接机焊接每一个搭接边，局部节点部位采用手持热风焊接机焊接。

② 自动焊机焊缝焊接：焊机压力为 500～550N，温度为 500～550℃，焊接速度为 1.5～2m/min，每天最少进行一次试焊，采用废弃的裁切材料进行试焊剥离，只有达到层间剥离，而非焊缝剥离的参数设置，方可进行焊接。如一天内温差较大，需根据情况，及时根据试焊情况，调整焊接参数。

③ 手工焊接：焊枪温度控制在 250～450℃之间，焊接速度为 0.2～0.5m/min，焊接时用手动压辊压实，随焊随压。

④ 保证卷材搭接宽度，T 字交接部位设置附加层。

⑤ 整体防水层完成以后，根据设计要求，在天窗周边焊接 3mm 厚专用 TPO 走道板，起成品保护作用。

⑥ 成品保护：为保证成活的保温板及防水卷材不因施工作业而塌陷或破坏，所有成活区域均设警戒带封闭管理，临时施工材料堆放区域和屋面临时行走路线上，铺设防火布一层及 18mm 厚防火木板，减小集中荷载压强，其他成活区域禁行。屋面上锁单独管理，所有上屋面作业必须由项目部签发作业票方可进行。

4. 节点详图及实例照片（见图 3.2-1～图 3.2-5）：

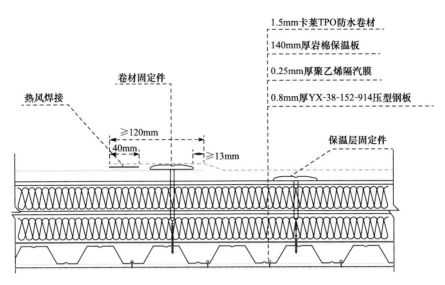

图 3.2-1 TPO 防水施工示意图

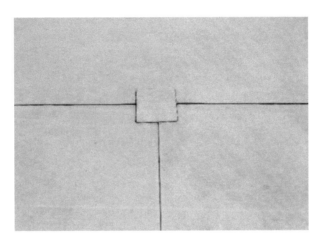

图 3.2-2 TPO 防水施工实例

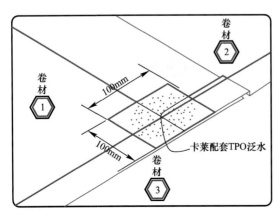

图 3.2-3 TPO 防水泛水施工示意图

图 3.2-4 TPO 防水泛水施工实例

图 3.2-5　屋面全景图

二、出屋面洞口 TPO 防水收边施工工艺

1. 工艺名称：出屋面洞口 TPO 防水收边施工工艺

应用工程：华晨宝马汽车有限公司大东工厂第七代新五系建设项目涂装车间、（EEX）总装车间主车间

应用单位：中国建筑第八工程局有限公司

中国建筑第五工程局有限公司

鞍钢建设集团有限公司

2. 规范要求：

TPO 防水卷材收边严密，天窗及各设备洞口底座无渗漏、无返潮凝露发生。

3. 工艺要点：

（1）工序：

出屋面设备槽钢底座安装→100mm 厚岩棉填充→PE 膜铺设→TPO 防水卷材水平段铺装、焊接、固定→立面卷材铺装焊接→防水卷材收边压入槽钢底座内侧→收入底座内侧的 TPO 上部粘贴一层丁基胶带→安装固定设备底框并与丁基胶带压紧→防水报验→安装金属泛水板。

（2）工艺做法：

根据设计要求，1.5mm 厚内增强型 TPO 防水卷材采用栓铆钉固定，钉头固定在压型钢板波峰上，卷材与卷材之间采用热风焊接。所有出屋面洞口，均设置金属槽钢底座，防水卷材均要求上翻收边至槽钢底座顶部，风机或天窗底框安装在槽钢底座顶部，将 TPO 卷材紧密压紧，从而起到防水密闭作用。

① 天窗槽钢底座内严密填充 100mm 厚岩棉保温材料。

② TPO 防水卷材水平段铺装固定，沿天窗四周，将卷材用固定件固定，间距为 30cm。

③ 防水卷材沿槽钢底座向上翻起，压入到底座顶部内侧，按照设备底座高度和搭接 15cm 下料，覆盖大面卷材固定件，下端焊接。阳角处用阳角泛水覆盖，要求高出泛水高度 20mm。

④ 固定 TPO 防水卷材，防水卷材拼缝焊接，角部附加层焊接。

⑤ TPO 上部粘贴丁基胶带一层，在 TPO 和金属框之前起隔水密闭作用。

⑥ 安装设备底框（设备附属部件），将 TPO 卷材收边位置压在槽钢底座和设备底框之间，安装随设备附带的金属泛水板，从上方将 TPO 收边部位彻底盖住，增强防水可靠性。

4. 节点详图及实例照片（见图 3.2-6～图 3.2-8）

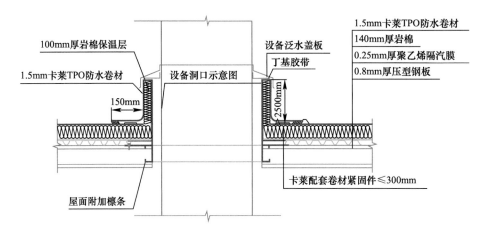

图 3.2-6　出屋面洞口 IPO 防水节点示意图

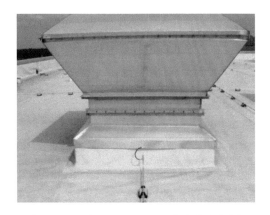

图 3.2-7　出屋面洞口 IPO 防水节点实例

图 3.2-8　屋顶天窗处 TPO 防水施工实例图（一）

图 3.2-8　屋顶天窗处 TPO 防水施工实例图（二）

第三节　屋　面　细　部

一、可调节屋面雨水沟盖板施工工艺

1. 工艺名称：可调节屋面雨水沟盖板施工工艺

应用工程：商业、酒店、办公及配套（王府井国际品牌中心建设项目）

应用单位：北京城建集团有限责任公司

2. 规范要求：

雨水沟盖板平整度小于 2mm。

3. 工艺要点：

（1）工序：

工厂加工→支座与连杆连接→弹线粘胶固定支座→放设边框→焊接支座与边框→放置盖板→螺丝固定盖板→边缝打胶。

（2）工艺做法：

① 厂家到现场实测实量：盖板及配件的加工精度要求：基座垫片平整度不能大于 2mm，螺杆居于垫片中心点，不可出现偏心，垂直度小于 5mm，所有焊接均为人工焊接，并进行防锈处理。

② 加工可调节支座，并与连杆进行螺纹连接。见图 3.3-1。

图 3.3-1　加工可调节支座，并与连杆进行螺纹连接

图 3.3-2 放设外框

③ 根据现场放线位置选用性能高的胶粘剂固定支座。

④ 放设加工好的外框，外框平面平整度不能大于2mm。见图 3.3-2。

⑤ 焊接支座与边框，边框与连杆的焊缝要保证内在和外观质量。

⑥ 盖板采用机器切割，切割误差不大于 3mm。放置盖板，因雨水沟 0.3% 找坡，所以必然存在高低差。同一块雨水盖板，两头标高不一，需不断调整底座高度来达到平整度的要求。

⑦ 雨水盖板与外框使用螺丝固定。

⑧ 雨水盖板与屋面缝隙填充塑料棒并打胶封闭，胶缝平直、顺滑、美观。

4. 节点详图及实例照片（见图 3.3-3、图 3.3-4）：

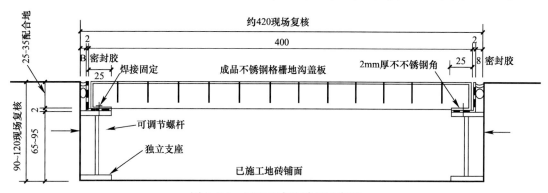

图 3.3-3 屋面雨水沟盖板示意图

二、石材天沟施工工艺

1. 工艺名称：石材天沟施工工艺

应用工程：商丘市第一人民医院儿科医技培训中心综合楼

应用单位：河南五建建设集团有限公司

2. 规范要求：

天沟的净宽不应小于 300mm，分水线处最小深度不应小于 100mm，纵向坡度不应小于 1%，沟底水落差不得超过 200mm。沟内不得有渗漏和积水现象。

3. 工艺要点

（1）工序：

屋面大面积面砖施工→天沟侧边立面石材铺贴→天沟侧边盖板石材铺贴→天沟沟底石材铺贴。

图 3.3-4 屋面雨水沟盖板实例图

（2）工艺做法

① 屋面找坡层施工时，天沟预留宽度应为天沟设计宽度＋2×饰面层厚度。

② 根据天沟的宽度、深度及屋面砖规格进行下料，石材板块的长度应与砖规格（含砖缝宽度）成倍数；天沟侧边盖板石材加工成弧形。

③ 屋面砖施工时，留出天沟位置。

④ 屋面砖施工完毕后，以天沟宽度及已完成屋面砖标高为基准，施工天沟侧边立面、盖板石材。

⑤ 以天沟设计坡度，施工天沟沟底石材。

4. 节点详图及实例照片（见图 3.3-5、图 3.3-6）：

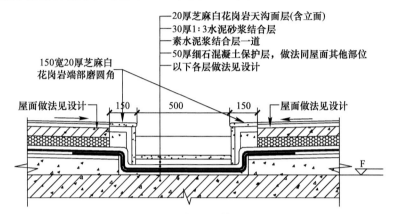

图 3.3-5 石材天沟做法示意图

图 3.3-6 石材天沟实例图

三、马赛克泛水施工工艺

1. 工艺名称：马赛克泛水施工工艺

应用工程：深圳大学学府医院项目施工总承包工程

应用单位：深圳市建工集团股份有限公司

2. 规范要求：

泛水高度自屋面面层起不小于 250mm；泛水与屋面砖分格缝宽度不小于 20mm；分格缝宽窄一致，与屋面砖及女儿墙对应；泛水加工尺寸及弧度准确，泛水安装牢固、弧度顺畅、自然；涂饰面层平整光洁；嵌缝密实饱满、表面光滑。

3. 工艺要点：

（1）工序：

屋面及女儿墙分格排板→基层处理→弹线定位→设置分格缝→泛水施工→涂饰基层抗裂→饰面涂料→分格缝防水→打胶。

（2）工艺做法

① 根据现场实测尺寸对女儿墙及屋面砖进行排板，确定女儿墙预留位置及屋面砖铺贴位置，泛水宽度控制在 200～300mm。

② 泛水顶部与墙面交接处设置水平分格缝，缝宽不小于 15mm×15mm。并沿长度方向设置竖向分格缝，分格间距及缝宽与屋面砖及女儿墙分格对应，阴阳角处必须设置分格缝。

③ 采用混凝土及马赛克泛水时，用混凝土强度不低于 C20 的细石混凝土浇筑并振捣密实，用弧形抹子抹压收光至圆弧状。

④ 泛水面层满刮防水抗裂腻子一道并铺贴抗裂网格布，涂刷封闭底漆一道、防水涂料二道。

⑤ 采用马赛克泛水需预先制作弧形分格定型模具，模具采用不小于 4mm 厚钢板。按泛水分格缝位置，将模具固定在伸缩缝位置，混凝土初凝时取出。铺贴马赛克时双向拉通线并随时检查调整。

⑥ 泛水施工结束后，对分格缝进行防水处理，填嵌泡沫棒并碾压紧实，打胶前在缝槽两侧贴美纹纸防止污染面层，用胶枪把耐候胶均匀挤入缝内，用专用工具或用手指蘸水捋光、顺平。胶层厚度应为 5～6mm，胶面低于面层 2～3mm。

4. 工艺照片及节点详图（见图 3.3-7）：

图 3.3-7 马赛克泛水工艺照片及节点详图

四、水泥砂浆圆弧形泛水施工工艺

1. 工艺名称：水泥砂浆圆弧形泛水施工工艺

应用工程：开封海汇中心工程

应用单位：浙江宝业建设集团有限公司

2. 规范要求：

泛水高度符合设计要求，泛水弧度一致；泛水保护层应设置伸缩缝，分格合理，与屋面分格缝对齐；根部无积水及渗漏现象。

3. 工艺要点：

（1）工序：

基层处理→弹线→内侧墙修平→镶嵌铜条→抹底层砂浆→用定制镘刀造型→内置抗裂网格布→抹压面层砂浆→养护→伸缩缝多余泡沫板切割→中性硅胶收口。

（2）工艺做法：

① 基层处理：对作业面进行清理，清除浮尘、渣土等。

② 弹线：根据圆弧形泛水尺寸及形状弹出底部控制线与高度控制线，沿底部控制线

粘贴双面胶。

③ 内侧墙修平：对女儿墙内侧墙面抹灰层进行修补，保证女儿墙内侧抹面平整、整齐。底部刷水泥浆一道并进行凿毛。

④ 镶嵌铜条：在圆弧形造型的线角部位镶嵌铜条，增加边角刚度，减少后期碰撞引起的破坏，铜条用废铜线绑扎埋入砂浆层中，增加铜条牢固度。

⑤ 抹底层砂浆，用定制镘刀造型：应先涂刷一道界面剂，涂刷后立即铺设 1∶3 水泥砂浆进行铺底，分 2～3 次将砂浆抹压到面层下 15mm 左右高度，面层砂浆用 1∶2.5 比例砂浆抹压。最后用通用镘刀形成圆弧形泛水造型。

⑥ 内置抗裂网格布，抹压面层砂浆：在底层砂浆用镘刀抹压出造型后，即在砂浆中嵌入抗裂网格布，待六七成干后开始抹罩面砂浆，罩面砂浆采用 1∶2.5 水泥砂浆，进行赶实压光，抹面层时应注意底层是否有空裂现象，严禁用干水泥进行收面；并注意用定制镘刀最后修整造型。

⑦ 养护：抹灰层在凝结后应及时养护，防止裂缝产生，高温或烈日下抹灰时，应及时覆盖喷水养护。

⑧ 伸缩缝处理。待抹灰成型 1～2 天后，对屋面伸缩缝部位多余的泡沫板用切纸刀进行割除，粘贴美纹纸用中性硅酮胶进行收口。

4. 节点详图及实例照片（见图 3.3-8～图 3.3-11）：

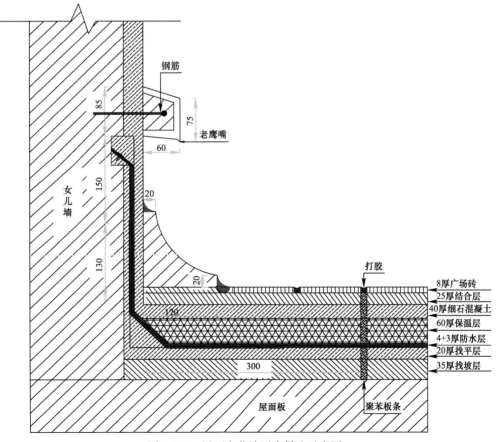

图 3.3-8　屋面女儿墙泛水做法示意图

图 3.3-9 屋面女儿墙泛水实例图　　　图 3.3-10 屋面女儿墙泛水转角实例图

五、R 弧饰面砖泛水施工工艺

1. 工艺名称：R 弧饰面砖泛水施工工艺

应用工程：恒大绿洲项目 A10 地块 17 号、18 号、19 号楼及地下车库

苏州中心广场 D 地块 7 号楼工程

和田市北京医院建设工程

应用单位：河南科建建设工程有限公司

　　　　　中亿丰建设集团股份有限公司

　　　　　北京建工四建工程建设有限公司

图 3.3-11 屋面柱边泛水实例图

2. 规范要求：

泛水高度符合设计要求，泛水弧度一致；泛水保护层应设置伸缩缝，分格合理，与屋面砖协调；根部无积水及渗漏现象。

3. 工艺要点：

（1）工序：

策划排板→基层清理→模具制作→弹设控制线→打点、冲筋→R 弧压顶线条找平→镶贴 R 弧面砖→勾缝→清洗。

（2）工艺做法：

① 施工前进行策划排板，结合屋面平面砖排布情况，确定 R 弧大小、缝宽等，女儿墙泛水要与屋面平面砖砖缝对齐。

② 将基层表面残留的混凝土碎渣、油污等清理干净。基层洒水湿润，表面不得存有积水。

③ 根据面砖模数确定好 R 弧高度及宽度后，制作控制基层的模具。模具制作好后做出样板并校核是否合适。

④ 根据墙上 1m 标高线，弹出 R 弧 250mm 高控制线，弹出 R 弧距离墙体控制线。

⑤ 底层用 C20 细石混凝土打底，1∶3 水泥砂浆抹面，间隔 500mm 打点并冲筋，依次控制 R 弧的弧度大小。

⑥ R 弧压顶线条采用水泥砂浆抹灰找平，使找平后尺寸符合面砖模数要求。

⑦ 先镶贴 R 弧阴阳角，然后导线一次，镶贴圆弧面砖。

⑧ 面砖铺完 2d 后，将缝口清理干净，刷水湿润后，用专用美缝剂勾缝，用棉纱头擦满缝隙，采取压缝的形式，要求缝宽均匀、深度一致、整齐划一。

⑨ 待美缝剂终凝后，将表面污渍清洗干净，养护时间不得少于 7d。

4. 节点详图及实例照片（见图 3.3-12～图 3.3-15）：

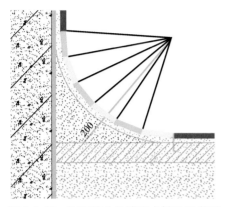

图 3.3-12　饰面砖女儿墙泛水做法示意图

图 3.3-13　饰面砖女儿墙泛水实例图

图 3.3-14　实例图

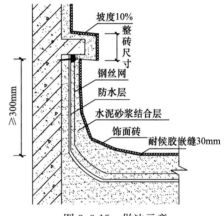

图 3.3-15　做法示意

六、预制混凝土女儿墙泛水施工工艺

1. 工艺名称：预制混凝土女儿墙泛水施工工艺

应用工程：湖南省总工会灰汤温泉职工疗养院

应用单位：中建五局第三建设有限公司

2. 规范要求：

预制混凝土板尺寸准确、表面色泽均匀；预埋固定拉片牢固可靠不脱落；泛水顶面打胶密实、牢固连续、平整无褶皱，边沿整齐，光滑美观。

3. 工艺要点：

（1）工序：

策划排布→基层处理→混凝土泛水预制→定位安装→打胶密封。

（2）工艺要点

① 根据屋面净尺寸，按照屋面砖对缝要求进行策划排布，确定泛水的对缝位置；根据设计要求进行防水层施工等基层处理。

② 加工 L 形混凝土预制板，高度不小于 300mm，厚度不小于 30mm；与墙面接触的 L 形短边不小于 60mm，加工时 60mm 短面应为坡面，阳角倒角，与墙面接触面应埋设固定拉片；长度与屋面排板对应协调确定，加工时沿高度方向设 10mm×10mm 阴阳企口。

③ 安装时调整预埋拉片，射钉按间距不大于 300mm 固定。

④ 混凝土泛水与墙面、波打砖交缝处均应采用柔性耐候胶密缝收口，胶缝宽度不大于 10mm。

4. 工艺照片及节点详图（见图 3.3-16、图 3.3-17）：

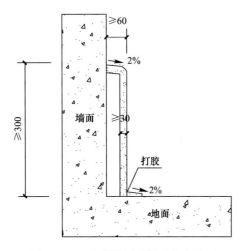

图 3.3-16　女儿墙泛水做法节点详图

图 3.3-17　女儿墙泛水做法实例图

七、成品女儿墙泛水施工工艺

1. 工艺名称：成品女儿墙泛水施工工艺

应用工程：宜兴市文化中心工程

应用单位：北京建工集团有限责任公司

2. 规范要求：

泛水高度符合设计要求，泛水弧度一致；成品泛水分块合理，与屋面砖协调；根部无积水及渗漏现象。

3. 工艺要点：

（1）工序：

弹线定位→成品泛水安装→弹性涂料施工→打胶施工。

（2）工艺方法：

① 根据实测尺寸结合屋面排板，确定泛水板的宽度和长度。根据泛水板的宽度弹线定位，与屋面砖交界处留设 30mm 宽伸缩缝；泛水板的长度宜为 1～1.2m，保证与屋面砖对缝。

② 采用水泥砂浆粘结成品泛水。

③ 女儿墙墙面防水腻子找平、弹性涂料底漆喷涂，竖向分格缝位置与泛水板拼缝对齐，缝宽 8mm，墙面进行弹性涂料面层喷涂。

④ 成品泛水与屋面砖交接处、女儿墙、泛水板之间分格缝采用密封胶封闭。

4. 节点详图及实例照片（见图 3.3-18、图 3.3-19）

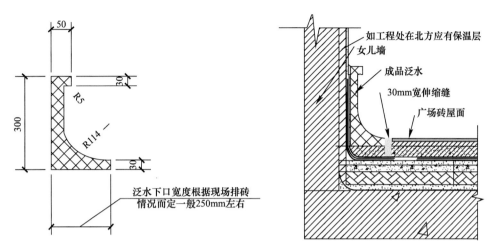

图 3.3-18　女儿墙泛水做法剖面图

图 3.3-19　屋面女儿墙泛水做法实例图

八、饰面砖泛水不锈钢压条收口施工工艺

1. 工艺名称：饰面砖泛水不锈钢压条收口施工工艺

应用工程：苏州中心广场 D 地块 7 号楼工程

应用单位：中亿丰建设集团股份有限公司

2. 规范要求：

不锈钢压条顺直，转角方正。

3. 工艺要点：

（1）工序：

饰面砖粘贴→现场量测不锈钢压条尺寸→压条安装、焊接→打磨。

（2）工艺做法：

① 严格控制女儿墙饰面砖粘贴的厚度及高度，保持一致。

② 定制加工专用不锈钢压条。

③ 女儿墙饰面砖施工完毕，现场实量，根据实际长度裁切不锈钢压条。

④ 清理饰面砖上口砂浆，在基层及压条内侧涂结构胶，将压条安装饰面砖上口。压条侧面下翻处也使用结构胶与饰面砖封口。相邻不锈钢压条接缝严密，转角方正，且控制在同一水平高度上。

4. 节点详图及实例照片（图 3.3-20、图 3.3-21）：

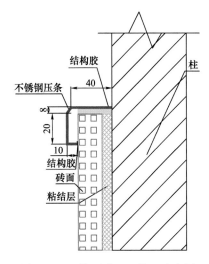

图 3.3-20　饰面砖上口收口示意图　　　图 3.3-21　饰面砖上口收口实例图

九、虹吸式水落口施工工艺

1. 工艺名称：虹吸式水落口施工工艺

应用工程：巨海城八区南区综合楼（6 号办公楼）

应用单位：内蒙古巨华集团大华建筑安装有限公司

2. 规范要求：

水落口周围直径 500mm 范围内坡度不应小于 5％，防水构造符合设计要求；水落口处不得有渗漏和积水现象。

3. 工艺要点：

（1）工序：

测量定位→雨水斗四周找平→防水施工→水泥砂浆防护→雨水斗安装→收口处理。

（2）工艺做法：

① 根据图纸位置，测量复核雨水口的位置。

② 在结构层平层面上做 20mm 厚的水泥砂浆找平，要求在预留雨水斗孔洞周围均有施工。

③ 在找平层上铺设 SBS 改性沥青防水，防水施工收口需将其包裹至下排水管道内 20mm。采用水泥砂浆进行保护施工。

④ 安装虹吸雨水斗。

⑤ 屋面虹吸雨水斗安装后，安装保护罩，保护罩周边采用耐候密封胶处理。

⑥ 以水落口中心为十字节点，排布面砖，实现分中、对称的效果。

4. 节点详图及实例照片（见图 3.3-22、图 3.3-23）

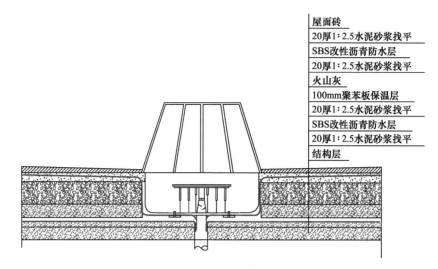

| 屋面砖 |
| 20厚1:2.5水泥砂浆找平 |
| SBS改性沥青防水层 |
| 20厚1:2.5水泥砂浆找平 |
| 火山灰 |
| 100mm聚苯板保温层 |
| 20厚1:2.5水泥砂浆找平 |
| SBS改性沥青防水层 |
| 20厚1:2.5水泥砂浆找平 |
| 结构层 |

图 3.3-22 水落口示意图

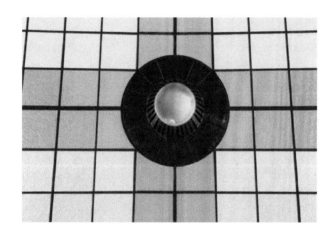

图 3.3-23 水落口实例图

十、屋面直式水落口施工工艺

1. 工艺名称：屋面直式水落口施工工艺

应用工程：和田市北京医院建设工程

中国通号轨道交通研发中心工程

应用单位：北京建工四建工程建设有限公司

中铁建设集团有限公司

2. 规范要求：

水落口周围直径 500mm 范围内坡度不应小于 5%，防水构造符合设计要求；水落口处不得有渗漏和积水现象。

3. 工艺要点：

（1）工序：

弹线定位→水落口安装及防水收头→切割异形瓷砖→贴砖、嵌缝→算子安装。

（2）工艺方法：

① 根据实测尺寸结合屋面平面排布对屋面排水进行深化设计，确定水落口位置及面层排布做法。

② 按照深化设计位置留置水落口，安装前对水落口位置及尺寸进行复核并调整，水落斗应安装稳固并居洞口中心。

③ 水落口周围500mm范围内弹线找坡，坡度不小于5％；防水层和附加层深入水落口内不应小于50mm。

④ 套割异形瓷砖，控制尺寸偏差在±2mm以内；铺贴饰面砖，水落口应居于图案中心并与屋面砖缝居中对称，对缝。铺贴完成后，采用专用勾缝剂勾缝。

⑤ 水落口上方居中安装铸铁水箅子。

4. 节点详图及实例照片（见图3.3-24～图3.3-26）

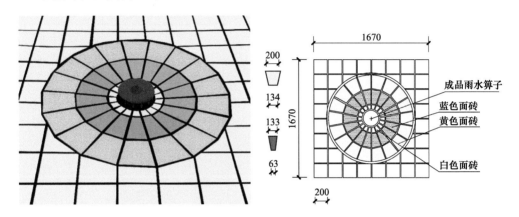

图3.3-24 屋面直式水落口实例图　　　　图3.3-25 屋面直式水落口细部节点做法

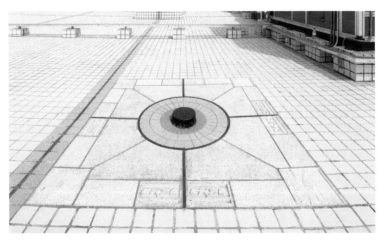

图3.3-26 工程实例

十一、屋面预制混凝土庭灯式排汽帽施工工艺

1. 工艺名称：屋面预制混凝土庭灯式排汽帽施工工艺

应用工程：开封海汇中心工程

用用单位：浙江宝业建设集团有限公司

2. 规范要求：

确保排汽通畅，根部防水良好，排汽孔距屋面面层高度不得小于250mm。排气孔美观、实用。

3. 工艺要点：

（1）工序：

混凝土庭灯式排汽帽预制→弹线→排汽管道铺设→屋面其他构造层施工→排汽孔道处理→安装混凝土庭灯式排汽帽→整修。

（2）工艺做法：

① 混凝土庭灯式排汽帽预制加工制作。按照设计的屋面庭灯式排气孔的尺寸、样式、形状，以庭灯式排汽孔中心平面为截面，采用木质材料用手工分别制做出两半的模具。按水泥∶砂∶细石＝1∶1∶1比例配置细石混凝土分别制做出庭灯式排汽孔的两个半边，放入竖向排汽管（30～35mm），将两边合成一体，捣实保证无空隙，去掉多余砂浆，养护，拆模后再养护。庭灯式排汽孔的上盖可单独用模具制作，也可将整个庭灯式排汽孔分段制作模具后分段预制，之后将制作的半成品用环氧胶泥粘结成为整体。

② 弹线。根据屋面的尺寸在屋面上放线定出水平排汽管及出庭灯式排汽孔位置，排汽孔设置在分隔缝的交界点处，水平排汽管道设置在保温层中，间距一般为不大于6m×6m。

③ 排汽管道铺设。水平排汽管选用PVC管道，管径30～35mm，铺设在保温层内，为防止安装好的水平排汽管跑位，安装完成后应间隔1500mm利用砂浆固定。在管道长度方向沿管道环向等间距分布打三排孔，孔距为100mm。三排孔应在管道上梅花形错开布置，孔径5mm，打孔完成后在排汽管道外壁包裹一层玻璃丝布，防止保温层中颗粒将管道上的排汽孔堵死，排汽管采用纵横交错铺设，按事先放线的位置铺设并预留排汽孔位置。

④ 水平排汽管与竖向排汽管的连接采用成品塑料三通或弯头（女儿墙根部）连接，按照相关规定进行接地。

⑤ 当排汽孔在女儿墙上暗设时，在屋面女儿墙砌筑时，按设排汽孔的位置在女儿上预留60×80线槽，将竖向排汽管埋入墙内，女儿墙抹灰时做封堵处理。

⑥ 屋面其他构造层施工。屋面找平层、防水层、屋面面层等其他构造按常规方法施工。

⑦ 排汽孔处理。排汽孔口距离屋面保护层的高度不应小于250mm，对屋面竖向排汽管根部做防水处理，保证无渗漏。

⑧ 庭灯式排汽孔安装。屋面面层施工完毕后安装庭灯式透气孔，做法是用连接件将成品庭灯式排汽孔与屋面竖向排汽管连接，庭灯式排汽孔的底座用环氧胶泥与屋面面层粘结。

⑨ 整修。对已安装的庭灯式排汽孔进行简单整修，可涂刷环氧类彩色油漆或企业标识。

4. 节点详图及实例照片（见图3.3-27、图3.3-28）：

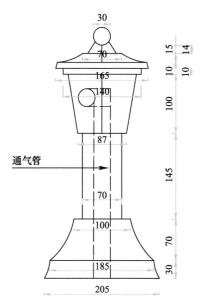

图3.3-27 屋面预制混凝土庭灯式
排汽帽示意图

图 3.3-28　屋面预制混凝土庭灯式排汽帽实例图

十二、屋面排汽帽基础墩施工工艺

1. 工艺名称：屋面排汽帽基础墩施工工艺

应用工程：1号楼（研发创新中心）等6项（中国移动国际信息港研发创新中心工程、网管支撑中心工程、业务支撑中心工程）

应用单位：中国建筑第八工程局有限公司

2. 规范要求：

排汽帽居中布置，基础墩坡度一致，成行成线，涂料无开裂。

3. 工艺要点：

（1）工序：

确定排汽帽位置→排汽帽基础墩制作→刮腻子→砂纸打磨→涂料粉刷。

（2）工艺做法：

① 确定排汽帽及基础墩的位置，使基础墩的中心和排汽帽的中心重合，在排汽帽下方制作基础墩的尺寸线，基础墩的尺寸为400mm×400mm，上部尺寸为200mm×200mm。

② 将基础墩四周的线放好，用细石砂浆砌出基础墩。

③ 待基础墩完全硬化后，在上表面阳角及侧立面阳角处放置阳角条，然后用腻子找平。

④ 腻子干透后，先用180号砂纸打磨，再用240号砂纸打磨。

⑤ 最后在基础墩表面刷灰色涂料，排汽帽的基础墩制作完成。

4. 节点详图及实例照片（见图3.3-29～图3.3-31）：

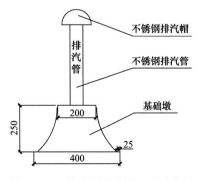

图 3.3-29　排汽帽基础墩立面示意图

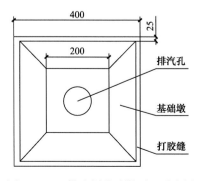

图 3.3-30　排汽帽基础墩平面示意图

图 3.3-31　排汽帽基础墩实例图

十三、屋面透气管底座及接地施工工艺

1. 工艺名称：屋面透气管底座及接地施工工艺

应用工程：葫芦岛市中心医院儿科及内科病房楼工程

应用单位：辽宁绥四建设工程集团有限公司

2. 规范要求：

屋面透气管高出上人屋面 2m，安装牢固且有避雷装置，管道居中，密封严密，成排对齐。

3. 工艺要点：

（1）工序：

套管安装→管道安装固定→套管外土建封堵→套管内与透气管间缝隙封堵→混凝土底座浇筑→避雷接地预埋→底座四面面砖粘贴→底座压盖理石安装→接地扁钢连接。

（2）工艺做法：

① 根据现场实际排砖尺寸弹线确定透气管位置。

② 安装套管并固定，提前计算套管长度，套管长度应为：楼板厚度＋防水立面做法＋50mm。

③ 管道安装，安装前应吊垂直，确保管道位于套管居中位置安装。

④ 套管外采用无收缩自密实混凝土灌浆料进行封堵，灌浆前应剔除洞口周边松散石子，并浇水湿润；套管与透气管间缝隙采用油麻加环氧树脂封堵。

⑤ 套管上部防水收头采用金属箍紧固，密封材料封严。

⑥ 根据屋面砖、墙面砖排布尺寸确定底座 C20 混凝土 302mm×302mm×1000mm 高，预留粘贴面砖厚度50mm，浇筑混凝土前焊接接地镀锌扁钢，统一确定镀锌扁钢位置和高度，镀锌扁钢高出底座上表面 300mm，混凝土底座应方正且保证强度。

⑦ 在屋面地缸砖粘贴完成后，通缝粘贴底座面砖，成活尺寸 394mm×394mm，底座压盖设置 25mm 厚花岗岩板，四面出檐 20mm，倒角抛光，盖板居中钻孔和套割镀锌扁钢穿孔，花岗岩套管和镀锌扁钢安装固定，位置一致，四面出檐均匀。

⑧ 管道根部耐候密封胶固定，接地镀锌扁钢钻孔、倒角、打磨，用不锈钢卡箍与透气管固定有效连接。

4. 节点详图及实例照片（见图 3.3-32、图 3.3-33）

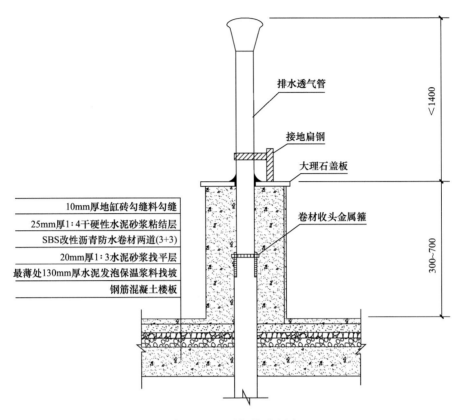

图 3.3-32　透气管示意图

图中标注：
- 排水透气管
- 接地扁钢
- 大理石盖板
- 卷材收头金属箍
- 10mm厚地缸砖勾缝料勾缝
- 25mm厚1:4干硬性水泥砂浆粘结层
- SBS改性沥青防水卷材两道(3+3)
- 20mm厚1:3水泥砂浆找平层
- 最薄处130mm厚水泥发泡保温浆料找坡
- 钢筋混凝土楼板
- <1400
- 300~700

图 3.3-33　透气管实例图

十四、管道饰面砖保护墩施工工艺

1. 工艺名称：管道饰面砖保护墩施工工艺

应用工程：商务办公、居住用房及公建配套用房（XDG-2009-41 号 2-6 蠡湖香樟园1-6 号楼及地下车库）

应用单位：江苏南通二建集团有限公司

2. 规范要求：

保护墩与屋面砖协调对称，饰面砖粘贴牢固，拼接严密；砂浆面密实光洁。

3. 工艺要点：

（1）工序：

造型设计→浇筑混凝土→收面或粘贴饰面。

（2）工艺做法：

① 管道及支架根部做成多边形护墩，管道及支架根部作找平层且居护墩中心。

② 混凝土护墩基体浇筑后粘贴饰面砖，饰面砖拼接缝做倒角处理，拼接严密。

③ 在护墩顶面贴面砖或砂浆面嵌铜条，位置与多边形角部连通，向外 10％ 找坡，水

泥砂浆顶面应密实平整，收压抹光。

④ 护墩与管道、屋面及护墩错台处打胶密封。同规格、同排、同形式护墩宜成行成排、大小一致。

4. 节点照片及详图（见图 3.3-34、图 3.3-35）：

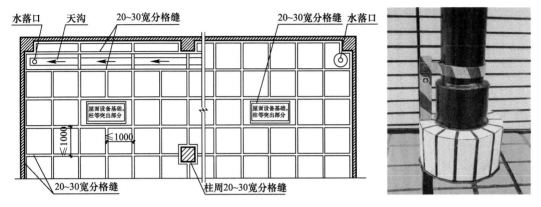

图 3.3-34　管道平面布置示意图　　　　图 3.3-35　管道保护墩实例图

十五、管道支架基础墩施工工艺

1. 工艺名称：管道支架基础墩施工工艺

应用工程：晋合三亚海棠湾度假酒店工程

应用单位：龙信建设集团有限公司

2. 规范要求：

管道支架基础墩应牢固，对地面无污染，美观实用。

3. 工艺要点：

（1）工序：

抹灰工具制作→管道支架安装→放线→支架基础墩抹灰→修整→养护。

（2）工艺做法：

① 抹灰工具制作。按照策划和深化设计所确定的支架基础墩外形、尺寸，用白铁皮或钢板制作出支架基础墩抹灰修整造型时所用的小工具，如弧形靠尺、弧形抹刀、镘刀等。

② 管道支架安装。按常规方法和要求施工。

③ 放线。在已安装的管道支架根部放线，确定出基础墩的形状、大小尺寸、位置。对于单根支架、基础墩可做成底面为 100～200mm 的方形墩；对于联排的两个以上的支架，基础墩可做成底面宽度为 100～200mm 的矩形长方形墩。具体尺寸根据支架立杆的截面大小确定。

④ 支架基础墩抹灰。采用 1:2 水泥砂浆按照基础墩的造型抹灰，对于较大的基础墩应适当配置细钢筋，先抹出初形，再用专用工具修整抹压后成型。

⑤ 修整。在抹灰砂浆初凝后、终凝前，对基础墩抹灰、造型进行细心修整，应注意不可以干水泥粉料或拌制的水泥浆收面。基础墩应抹压光洁、平顺，弧度应一致。

⑥ 养护。按一般抹灰工程要求养护 14d 以上。

4. 节点照片及详图（见图 3.3-36、图 3.3-37）：

图 3.3-36　单根支架基础墩实例图　　　　图 3.3-37　多根支架基础墩实例图

十六、屋面钢结构基础根部施工工艺

1. 工艺名称：屋面钢结构基础根部施工工艺

应用工程：宜兴市文化中心工程

应用单位：北京建工集团有限责任公司

2. 规范要求：

与屋面交接清晰，处理细致美观。

3. 工艺要点：

（1）工序：

弹线定位→石材圈边安装→鹅卵石粘结→打胶施工。

（2）工艺方法：

① 弹线定位，要使石材外边线与同侧屋面砖边线齐平。

② 30mm 厚干粉水泥砂浆粘结 20mm 厚、80mm 宽石材圈边（圈边拐弯处石材 45°对拼），在下坡水石材中部切割 10mm×10mm 槽口排水，与屋面地砖缝对齐。

③ 30mm 厚干粉水泥砂浆铺设直径 10～40mm、形状圆滑的鹅卵石，鹅卵石埋入量为卵石直径的 2/3，卵石的埋设疏密均衡。

④ 鹅卵石与柱根交接处留设 20～25mm 宽水泥砂浆带（砂浆面与鹅卵石埋设面齐平），柱根部进行打胶处理，胶缝宽 6～8mm。

4. 节点详图及实例照片（见图 3.3-38～图 3.3-40）：

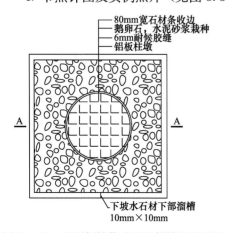
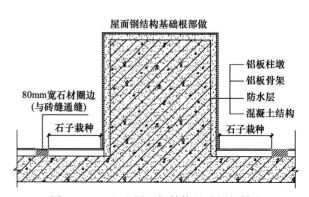

图 3.3-38　屋面钢结构基础根部做法平面图　　　图 3.3-39　A-A 屋面钢结构基础根部做法

图 3.3-40　工程实例

十七、上人孔盖板施工工艺

1. 工艺名称：上人孔盖板施工工艺

应用工程：浐灞金融文化中心

应用单位：陕西建工集团有限公司

2. 规范要求：

滑轨位置正确，盖板加工尺寸正确，安装牢固，启闭灵活、严密，接缝密封、无渗漏。

3. 工艺要点：

（1）工序：

确定加工尺寸→轨道选型及安装→防雷接地→盖板安装→接缝处打胶处理。

（2）工艺做法：

① 根据洞口实际确定滑轨与盖板加工尺寸，滑轨采用不小于 2 厚 40×40 "C" 形不锈钢，滑轨末端应封堵，应固定在洞口顶面两侧中间位置，固定点不少于 3 处，轨道应平整顺直，不影响滑动功能。

② 轨道安装采用膨胀螺栓固定。

③ 安装盖板并确定滑轮位置，标定位置后在盖板底部四角安装滑轮并与 "L" 形型材固定。

④ 盖板（四边下部内侧向上做坡度，防止勾水）安装应满足启闭灵活、严密。盖板轨道与饰面交接处填嵌耐候胶，胶缝应饱满平整。

⑤ 上人孔盖板应按要求设置避雷接地。

4. 节点照片及详图（见图 3.3-41、图 3.3-42）：

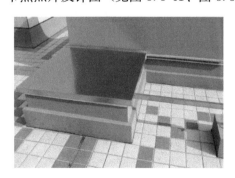

图 3.3-41　上人孔盖板实例图

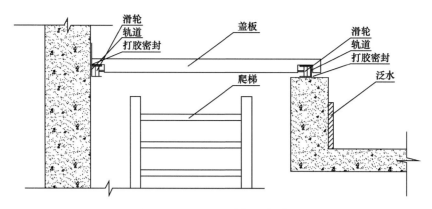

图 3.3-42 上人孔盖板节点详图

十八、屋面风道井盖施工工艺

1. 工艺名称：屋面风道井盖施工工艺

应用工程：葫芦岛市中心医院儿科及内科病房楼工程

应用单位：辽宁绥四建设工程集团有限公司

2. 规范要求：

砖砌出屋面风道设置混凝土泛水檐，泛水檐厚 60mm，顶标高距结构楼板 700mm，排风管道居中，距泛水檐和风道盖板上下各 100mm，风道混凝土盖板厚 60mm，四面出檐 100mm。

3. 工艺要点：

（1）工序：

砖砌通风道→浇筑混凝土泛水檐→砌上部风道砖墙→混凝土盖板浇筑→风道四面面砖粘贴→泛水檐三面粘面砖→风道顶盖板周边三面粘贴面砖→1：3 水泥砂浆找平、找坡→1：2 水泥砂浆抹面找坡（设置防裂玻纤网格布）→刮柔性防水腻子→腻子打磨刷外墙涂料。

（2）工艺做法：

① 根据现场实际排活尺寸弹线确定砖砌通风道位置。

② 依据屋面地缸砖排活尺寸和风道要求尺寸确定风道外围尺寸，砌筑砖墙至结构楼板上 640mm，浇筑 60mm 厚混凝土泛水檐，出墙 100mm，屋面防水收头至泛水檐下。

③ 依据风管尺寸砌筑泛水檐上砖墙，风管上下各 100mm，风管位于风道正中，风道混凝土井盖 60mm 厚四周出檐 100mm，风管上预留 100mm 过梁与盖板一同浇筑。

④ 泛水檐下风道墙面砖粘贴，泛水檐三面粘贴面砖，流水坡向正确，阳角 45°磨角对缝。

⑤ 泛水檐上风道墙面砖粘贴，风管居中两侧对称。

⑥ 风道顶盖板周边三面粘贴面砖，顶盖内侧抹 20mm 厚 1：3 水泥砂浆找平，1：2 水泥砂浆抹面压光找坡（设置防裂玻纤网格布），顶盖四面找 10～15mm 坡，每侧宽 200～300mm。

⑦ 盖板水泥砂浆面层刮柔性防水腻子，腻子打磨，四角见线，坡度均匀，涂刷两遍外墙涂料。

4. 节点详图及实例照片（见图 3.3-43、图 3.3-44）：

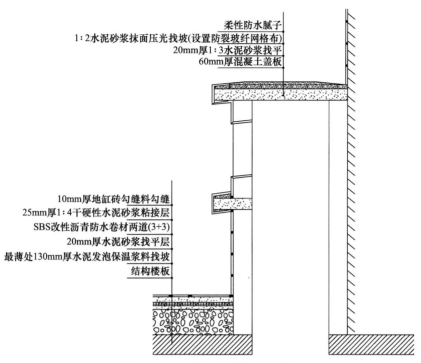

柔性防水腻子
1:2水泥砂浆抹面压光找坡(设置防裂玻纤网格布)
20mm厚1:3水泥砂浆找平
60mm厚混凝土盖板

10mm厚地缸砖勾缝料勾缝
25mm厚1:4干硬性水泥砂浆粘接层
SBS改性沥青防水卷材两道(3+3)
20mm厚水泥砂浆找平层
最薄处130mm厚水泥发泡保温浆料找坡
结构楼板

图 3.3-43　出屋面风道做法示意图

十九、屋面卫生间排风道施工工艺

1. 工艺名称：屋面卫生间排风道施工工艺

应用工程：乡宁县新医院建设工程

应用单位：山西二建集团有限公司

2. 规范要求：

通风道的断面、形状、尺寸和内壁应有利于排汽通畅，防止产生阻滞、涡流、窜烟、漏气和倒灌等现象。

3. 工艺要点：

（1）工序：

图 3.3-44　出屋面风道实例图

结构楼板洞口预留定位→盖板预制→排风井砌砖→排风井抹灰→防水附加层→面砖铺贴→白叶安装。

（2）工艺做法：

① 屋面结构楼板施工时根据图纸预留洞口位置进行精准定位，拉通线进行洞口预留，保证预留洞口位置准确。

② 预制盖板采用 C20 混凝土制作，内配钢丝网片，安装时两块对接放置，屋脊拼接缝部位铺贴网格布进行加强抹灰。

③ 根据图纸及图集要求进行排风井砌筑，排风井截面尺寸应根据面砖尺寸排布进行砌筑。

④ 排风井内侧抹灰应随砌随抹，外侧抹灰待排风井砌筑完成后进行抹灰。

⑤ 防水附加层每边的铺设宽度应不小于 250mm，防水卷材铺贴完成后进行二次抹灰。

⑥ 面砖铺贴应自下而上进行铺贴，阳角部位进行 45°碰角式施工，排风井侧面砖采用与

屋面相同的 200mm×200mm 广场砖平行铺贴，顶面采用 240mm×60mm 劈开砖工字缝铺贴。

⑦ 两侧排风洞口铝百叶安装固定。

4. 节点详图及实例照片（见图 3.3-45、图 3.3-46）

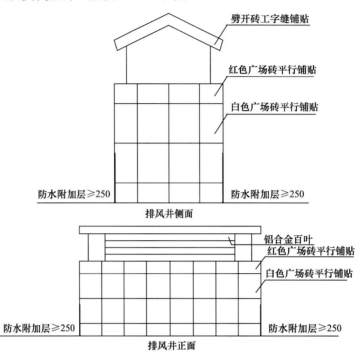

图 3.3-45　排风道节点详图

图 3.3-46　排风道实例图

二十、水簸箕施工工艺

1. 工艺名称：水簸箕施工工艺

应用工程：商务办公、居住用房及公建配套用房（XDG-2009-41 号 2-6 蠡湖香樟园 1-6 号楼及地下车库）

应用单位：江苏南通二建集团有限公司

2. 规范要求：

水簸箕造型美观、协调，粘结牢固，胶缝均匀顺直。

3. 工艺要点：

（1）工序：

造型确定→石材加工→拼装→打胶。

（2）工艺做法：

① 水簸箕选用石材或饰面砖制作。石材或饰面砖加工时，棱角应倒角；

② 采用云石胶或胶粘剂拼装，应与墙面结合严密，并与水落口中心对应，底部石材宜内高外底，与墙面及屋面交接处应打胶封闭。

4. 节点详图及实例照片（见图 3.3-47）：

图 3.3-47　工程实例

二十一、屋面梁底鹰嘴施工工艺

1. 工艺名称：屋面梁底鹰嘴施工工艺

应用工程：葫芦岛市中心医院儿科及内科病房楼工程

应用单位：辽宁绥四建设工程集团有限公司

2. 规范要求：

屋面梁底细部下端应做成鹰嘴或滴水槽。

3. 工艺要点：

（1）工序：

框架柱（或外墙）面砖排活→框架梁面砖排活→抹水泥砂浆打底→梁侧排砖→粘贴梁侧面砖→粘贴梁顶面砖→粘贴梁底面砖→梁面砖勾缝剂勾缝。

（2）工艺做法：

① 依据框架梁结构尺寸确定面砖粘贴尺寸。

② 根据现场框架梁实际结构尺寸弹线确定框架柱和外墙预留位置。

③ 按梁长排活先粘贴梁两侧面砖，按墙面排活尺寸，要求梁两侧立面砖往下突出5mm左右。

④ 粘贴梁顶面砖，要求梁顶不得积水，两侧做出 $i=3\%$ 的坡度。

⑤ 粘贴梁底面砖，梁底宽 432mm，共四块砖，梁底两侧面砖做出鹰嘴，坡度差5mm。

⑥ 专用勾缝剂勾缝，要求线条精致细腻、砖缝光滑顺直，交角呈米字型。

4. 节点详图及实例照片（见图 3.3-48～图 3.3-50）：

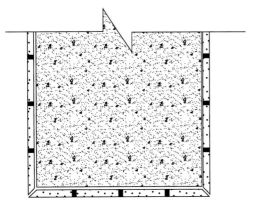

图 3.3-48　梁底鹰嘴示意图

图 3.3-49　梁底鹰嘴实例图

图 3.3-50　工程实例（一）

图 3.3-50　工程实例（二）

二十二、滑动式屋面爬梯施工工艺

1. 工艺名称：滑动式屋面爬梯施工工艺

应用工程：中铁桥梁科技大厦工程

应用单位：中国建筑第三工程局有限公司

2. 规范要求：

埋件应与基层固定牢固，滑动无阻碍；爬梯距地面高度不低于 2000mm；爬梯宽度宜为700～800mm，踏步间距宜为 250～300mm，距墙面宜为 150mm 并设置装饰圈；爬梯上部应设置不少于 3 道护圈；爬梯加工尺寸准确，表面平整、光滑，各部件连接牢固；焊缝连续饱满、表面平整、无过烧及裂纹；防腐处理到位，饰面涂刷均匀、表面光洁、颜色均匀。

3. 工艺要点：

（1）工序：

形式选择→两侧现场尺寸并绘制加工图→放线定位→爬梯加工→安装预埋件→固定钢梯→安装滑动段→防腐处理→饰面。

（2）工艺做法：

① 测量现场尺寸，绘制加工（施工）图，弹线定位进行现场放样。制作并安装预埋件，预埋件间距不大于 1200mm。

② 钢爬梯上部固定端竖向钢管宜为 50×50×5，滑动段竖向钢管宜为 50×50×2，脚踏钢管不宜小于 40×40。以保证滑动顺畅为宜，固定段方管的顶部应采用 2mm 厚钢板焊接封闭。

③ 所有切割面均应设橡胶垫保护，滑动部分爬梯下部应加设 20mm 厚橡胶垫进行保护，以免损伤屋面面层。

④ 钢梯安装采用满焊连接，焊缝应饱满平整。

⑤ 爬梯固定段上部应防倾覆保护圈，第一道保护圈距地面的高度应不大于 3m。

⑥ 在已固定段钢梯立臂上钻孔，钻孔高度应保证在滑动段钢梯上移后钢梯起始档高度不小于 2000mm，采用销栓或锁具不少于 2 处，固定可滑动部分，也可采用封板门保护。

⑦ 爬梯安装完成后，进行防腐及饰面处理。

4. 节点详图及实物照片（见图 3.3-51、图 3.3-52）：

图 3.3-51　滑动式屋面爬梯实例图

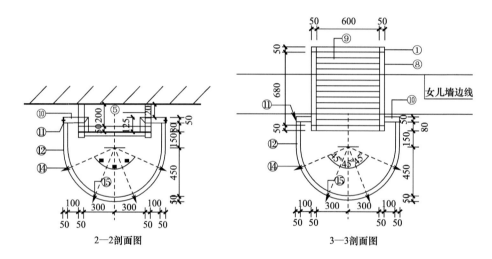

图 3.3-52　滑动式屋面爬梯节点详图

二十三、屋面爬梯施工工艺

1. 工艺名称：屋面爬梯施工工艺

应用工程：中关村资本大厦工程

应用单位：北京城建集团有限责任公司

2. 规范要求：

安装及焊接牢固可靠；构件表面平整、光滑、无毛刺；踏步距地高度符合要求，安全防护到位。

3. 工艺要点：

（1）工序：

定位、放线→安装预埋件→焊接龙骨→安装踏步→抛光→刷漆→安装防护门。

（2）工艺做法

① 定位放线：按照设计要求，将固定件间距、位置、标高进行找位校正，弹出栏杆

纵向中心线和分格的位置线。

② 安装埋件：按所弹埋件的位置线，打孔安装，每个埋件由 4 个 ϕ10 的膨胀螺栓固定。检验合格后，焊接立杆。

③ 焊接龙骨：龙骨为 ϕ50×3 圆钢每 1200mm 与墙体固定一次。爬梯宽为 700mm，离墙距离为 600mm，底部距地面高度设置为 600mm。检查垂直后，再分段满焊。焊接后应清除焊渣，并进行防锈处理。

④ 安装踏步：踏步采用 ϕ20 圆钢，竖向钢管每 300mm 安装踏步。

⑤ 抛光：全部焊接好后，用手提砂轮打磨机将焊缝打平砂光。抛光时采用绒布砂轮或毛毡进行抛光，同时采用相应的抛光膏。

⑥ 刷漆：清理金属表面→刷防锈漆两道→刷（喷、辊）环氧底漆 1～2 道→刷（喷、辊）普通薄型中途漆 1～2 道→刷（喷、辊）面漆。

⑦ 安装防护门：防护门采用 5mm 厚铝板，将爬梯两侧封死，正面设置平开门，加装门锁。高度为自爬梯底部起向上延伸 1200mm，门上喷涂 LOGO 及标识。

4. 节点详图及实例照片（见图 3.3-53、图 3.3-54）

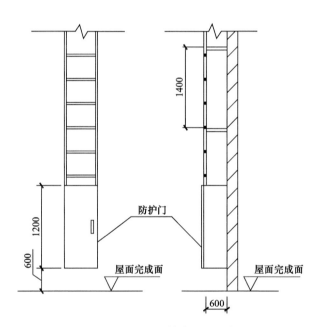

图 3.3-53 屋面爬梯防护门示意图

图 3.3-54 爬梯防护门实例图

二十四、屋面防儿童攀登爬梯施工工艺

1. 工艺名称：屋面防儿童攀登爬梯施工工艺

应用工程：内蒙古自治区儿童医院、妇产医院、妇幼保健院外迁合建项目工程

应用单位：内蒙古兴泰建设集团有限公司

2. 规范要求：

安装及焊接牢固可靠；构件表面平整、光滑、无毛刺；踏步距地高度符合要求，安全防护到位。

3. 工艺要点：

(1) 施工工艺：

固定件安装→爬梯加工→爬梯安装→打磨刷漆→接地。

(2) 工艺做法：

采取增设安全门上锁防止儿童攀爬，爬梯距地高度可不受限制。安全门外观可据工程特点油漆不同图案。栏杆上部增设标准尺寸的护身栏杆，增加检修作业人员的安全性。

① 固定件安装，预埋件应在主体结构施工时安装到位，预埋件间距不大于1200mm，固定点为8处，爬梯在女儿墙内侧侧面采用方管与女儿墙焊接固定。

② 爬梯加工，竖龙骨为30～50mm方管，间距500mm。距地2.5m加设护身栏杆，间距设为450mm直通到顶；护身直径为750mm。爬梯与墙体采用8根30mm×50mm方管与预埋钢板焊接，长度为150mm。

③ 爬梯安装：方管与墙体上预埋的300mm×300mm钢板采用焊接连接，高度距地400mm，水平方管步距为300mm。栏杆门高度为1500mm，宽度与爬梯龙骨均为500mm。用两个4寸不锈钢厚度为3mm加厚合页固定，栏杆门四周用30mm×50mm方管封边。用3mm钢板为面板。

④ 打磨刷漆：涂刷油漆前先用角磨机和砂纸打磨，上原子灰粘美纹纸，涂刷油漆。

4. 节点详图及实例照片（见图3.3-55～图3.3-57）：

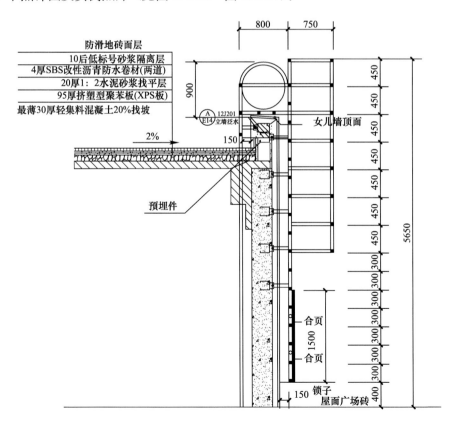

图3.3-55 屋面防儿童攀爬爬梯侧立面节点图

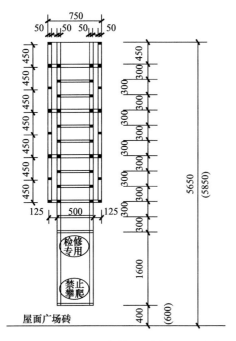

图 3.3-56 屋面防儿童攀爬爬梯正立面节点图　　图 3.3-57 屋面防儿童攀爬爬梯实物图

二十五、创新技术：装饰型屋顶排汽系统施工技术

1. 创新技术名称：装饰型屋顶排汽系统施工技术

应用工程：巨海城八区南区综合楼（6号办公楼）

应用单位：内蒙古巨华集团大华建筑安装有限公司

2. 关键技术或创新点：

本创新技术获内蒙古自治区省级施工工法。关键技术鉴定为国内领先。排汽帽外观设计已获得国家外观设计专利。

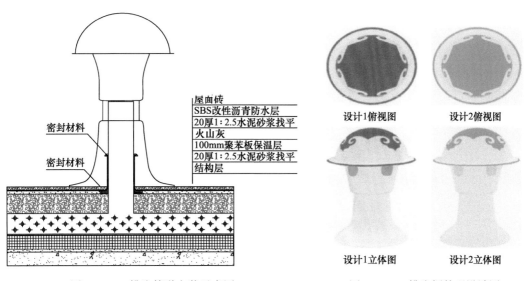

图 3.3-58　排汽管道安装示意图　　　　图 3.3-59　排汽帽外观设计图

（1）屋面优化策划：在屋面工程施工前，确定排汽立管、纵横向水平排汽管的位置、间距等策划工作。

（2）排汽管的加工、制作排汽管选用 45mm 直径 UPVC 管梅花形打孔，按照 6m×6m 间距纵横向布置，排汽管连接接头采用两通、三通、四通的接头，立管出屋面做法按照常规做法，管道根部防水要做加强层。

（3）屋面广场砖铺贴完成后，安装玻璃钢定制蘑菇形排汽帽外罩，排汽帽与面砖交接处使用耐候型硅酮密封胶密封，加强防渗。

3. 应用范围及效果

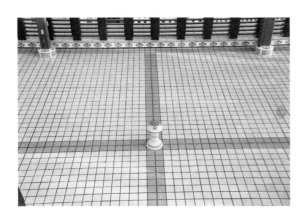

图 3.3-60 屋顶排汽帽安装效果

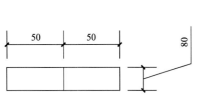

图 3.3-61 整体造型

二十六、创新技术：金属排汽帽施工技术

1. 创新技术名称：金属排汽帽施工技术

应用工程：乡宁县新医院建设工程

应用单位：山西二建集团有限公司

2. 关键技术或创新点：

（1）本创新技术已获国家实用新型专利。造型方案采用多段式，不影响泛水高度，防水材料置于墩台内部基层，利于防水。见图 3.3-61。

（2）面砖、构件统一预制，现场高精度施工。见图 3.3-62～图 3.3-64。

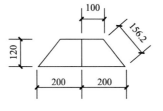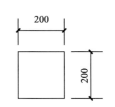

图 3.3-62 下段预制面砖　　图 3.3-63 中段预制面砖　　图 3.3-64 上段预制面砖

（3）金属排汽帽由镀锌钢管、不锈钢透气片和不锈钢圆帽三个部分组成，下部镀锌钢管在基层预留管中定位牢固后，将不锈钢透气片和不锈钢圆帽通过丝扣连接稳固。见图 3.3-65。

（4）将预制、粘贴好的面砖分段组装成型，现场由下至上依次安装定位，分段调整标高水平后，使用 1∶3 干硬性水泥砂浆填塞捣实。

（5）上人屋面面砖排汽墩施工成型后，顶部金属排汽帽与面砖交接处使用耐候型硅酮密封胶密封，加强防渗。

3. 应用范围及效果（见图 3.3-66）：

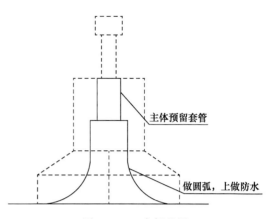

图 3.3-65　内部基层

图 3.3-66　金属排汽帽实例图

第四章　外　　檐

第一节　外 檐 幕 墙

一、拉索点支式陶棍幕墙施工技术

1. 工艺名称：拉索点支式陶棍幕墙施工技术

应用工程：人民日报社报刊综合业务楼

应用单位：中国新兴建设开发有限责任公司

2. 规范要求：

陶棍相邻构件错位平面允许偏差不大于 3mm，曲面允许偏差不大于 5mm。

3. 工艺要点：

（1）工序：

测量放线→钢龙骨安装→铝板安装→马道铺设→预应力拉索安装→陶棍系统安装→收边收口。

（2）工艺做法：

① 两层幕墙采用分层测量放线，总体采用同一基准点线进行控制，避免产生累加误差。

② 根据测量定位点，按照剖面节点将龙骨转接件固定在主体钢结构上，然后焊接牛腿、弯弧龙骨及铝板龙骨。

③ 铝板用自攻螺栓固定在铝板龙骨上，铝板背面先固定岩棉钉，然后铺贴岩棉，铺贴锡箔纸，安装完成后进行打胶。

④ 马道格栅通过在格栅上安装转接件，转接件再通过螺栓固定到马道龙骨上。

⑤ 拉索采用预张下料法制作每节拉索及索节头，每根拉索设具有张紧调节器功能的索锚具。每节拉索张拉共分 3 级进行，第 1 级张拉至预应力的 50%，第 2 级张拉至103%，第 3 级进行测力，微调合格后锁定。

⑥ 通过钢牛腿支撑尺寸找出建筑陶棍初步外形，再通过不同规格的陶棍支撑件找拉索弧度，最后通过外控线测控微调，将陶棍外形尺寸精确到位，以满足拉索陶棍幕墙双曲面造型要求。

4. 节点详图及实例照片（见图 4.1-1）：

图 4.1-1　工程实例（一）

图 4.1-1 工程实例（二）

二、外幕墙平面索网张拉工艺

1. 工艺名称：外幕墙平面索网张拉工艺

应用工程：中国卫星通信大厦

应用单位：中国建筑一局（集团）有限公司

2. 规范要求：

平面索网由相互正交的水平索和垂直索在各交点处相互连接形成，索网锚固在周边构件上，并对水平索和竖向索分别施加 174kN 和 50kN 预应力，双向共同受力抵御风荷载和竖向重量。张拉过程通过压力传感器控制使得水平和竖向拉索张拉力分别控制在 170～175kN 和 49～50kN 范围内，误差远低于规范要求的 10% 索力要求。

3. 工艺要点：

（1）工序：

搭设安装及张拉平台→横向索安装→竖向索安装→竖向索张拉→横向索张拉→驳接点安装→玻璃安装。

（2）工艺做法：

① 搭设索网安装张拉平台，分别安装竖向、横向拉索的固定端、张拉端。

② 各根横向拉索从顶部到底部依次安装。

③ 每根竖向拉索先安装竖向固定端后安装底部端。

④ 预应力拉索张拉方法：每根拉索单端张拉，张拉顺序为先将竖向索依次张拉后再将横向索依次张拉。

⑤ 驳接点安装方法：横向索及竖向索张拉完成并检测合格后，测定确定交叉点位置，撑开横向索及竖向索间缝隙，卡紧夹具位置，拧紧螺丝。

4. 节点照片及详图（见图 4.1-2～图 4.1-5）：

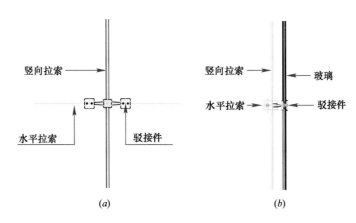

图 4.1-2 拉索节点立面图

(*a*) 立面图一；(*b*) 立面图二

图 4.1-3 立面照片　　　　　　图 4.1-4 侧面照片

图 4.1-5 整体效果图

三、体育场馆铝板幕墙飘带施工工艺

1. 工艺名称：体育场馆铝板幕墙飘带施工工艺

应用工程：武清区体育场馆项目

应用单位：天津市武清区建筑工程总公司

2. 规范要求：

（1）面板的品种、规格、颜色、光泽及安装符合设计要求；（2）各种变形缝、墙角的连接节点应符合设计要求和技术标准规定；（3）开放式板缝宽度均匀，应符合设计要求。

3. 工艺要点：

（1）工序：

龙骨、面板 BIM 建模→坐标测量、控制点定位→主次龙骨安装→铝板面安装、空间坐标复测。

（2）工艺做法：

① 利用 BIM 技术对幕墙龙骨、面板进行建模计算。

② 根据计算结果在主体结构上每间隔 10～15m，设置幕墙、飘带的三围坐标控制点，利用坐标空点用以控制两点间主、次龙骨安装精度。

③ 根据 CAD 提取坐标数值，在地面进行放样，用于校核飘带上坐标的尺寸测量，利用水准仪符合空间坐标测量。

④ 铝板采用工厂加工技术二维码编号，现场安装，过程中进行空间坐标复核，一次安装成型。

⑤ 利用直角折边、活动转角工艺进行铝板安装，位置准确线条顺直。

⑥ 节点安装工艺（见图 4.1-6）：

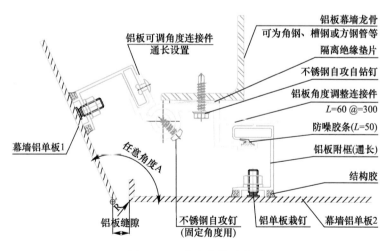

图 4.1-6　节点安装示意图

a. 现场根据 BIM 技术提出的坐标进行铝单板及其组件预拼装。

b. 先将铝板角度调整连接组件安装在龙骨上，连接组件与龙骨间增设隔离绝缘垫片。

c. 安装幕墙铝单板 1（可调角度连接件事先与铝板进行拉锚连接），角度控制通过已

与龙骨上安装坐标标记进行水平及垂直检查。

d. 通过不锈钢自攻钉将可调角度连接件与铝板角度调整连接组件连接。

e. 安装幕墙铝单板 2，直接将铝单板 2 中铝板附框推入连接组件，铝单板另一侧通过组件正常安装。

4. 节点详图及实例照片（见图 4.1-7）：

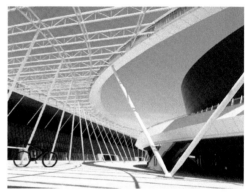

图 4.1-7　安装效果图

四、SE 石材挂件石材安装工艺

1. 工艺名称：SE 石材挂件石材安装工艺

应用工程：保定市第一中心医院门诊综合楼

应用单位：河北建设集团股份有限公司

2. 规范要求：

石材颜色均匀，表面平整，缝隙宽窄一致，大角顺直；胶缝横平竖直，表面光滑无污染。

3. 工艺要点：

（1）工艺流程：

测量放线→金属骨架安装→石材饰面板安装→嵌胶封缝→清洗和保护。

（2）工艺做法：

① 测量放线

a. 由于幕墙工程施工要求精度很高，为减少土建施工误差，所以土建水平基准线，必须由基准轴线和水准点重新测量，并校正复核。

b. 测量时应控制分配测量误差，不能使误差积累。

c. 所有外立面装饰工程应统一放基准线，并注意施工配合。

② 金属骨架安装

a. 根据施工放样图检查放线位置。

b. 安装固定竖框的铁件。

c. 先安装同立面两端的竖框，然后拉通线顺序安装中间竖框。

d. 将各施工水平控制线引至竖框上，并用水平尺校核。

e. 按照设计尺寸安装金属横梁。横梁一定要与竖框垂直。

f. 幕墙的金属框架与主体结构预埋件的连接、立柱与横梁的连接及幕墙面板的安装必须符合设计要求，安装必须牢固。

③ 石材饰面板安装

a. 将运至工地的石材饰面板按编号分类，检查尺寸是否准确和有无破损、缺楞、掉角，按施工要求分层次将石材饰面板运至施工面附近，并注意摆放可靠。

b. 先按幕墙面基准线仔细安装好底层第一皮石材板。

c. 注意安放每皮金属挂件的标高，金属挂件应紧托上皮饰面板，而与下皮饰面板之间留有间隙。

d. 安装时，要在饰面板的销钉孔或切槽口内注入石材胶，以保证饰面板与挂件的可靠连接。

e. 安装时，宜先完成窗洞口四周的石材板镶边，以免安装发生困难。

f. 安装到每一楼层标高时，要注意调整垂直误差，不要积累。

④ 嵌胶封缝

石材板间的胶缝是石板幕墙的第一道防水措施，同时也使石板幕墙形成一个整体。

a. 要按设计要求选用合格且未过期的耐候嵌缝胶。最好选用含硅油少的石材专用嵌缝胶，以免硅油渗透污染石材表面。

b. 用带有凸头的刮板填装泡沫塑料圆条，保证胶缝的最小深度和均匀性。选用的泡沫塑料圆条直径应大于缝宽。

c. 在胶缝两侧粘贴纸面胶带纸保护，以避免嵌缝胶污染石材板表面质量。

d. 派受过训练的工人注胶，注胶应均匀无流淌，边打胶边用专用工具勾缝，使嵌缝胶呈微弧形凹面。

⑤ 清洗和保护

施工完毕后，除去石材板表面的胶带纸，用清水和清洁剂将石材表面擦干净。

4. 节点照片及详图（见图 4.1-8、图 4.1-9）：

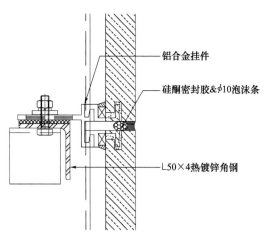

图 4.1-8 石材幕墙节点图

铝合金挂件
硅酮密封胶&φ10泡沫条
L50×4热镀锌角钢

图 4.1-9　幕墙效果图

五、外墙保温防水一体板施工工艺

1. 工艺名称：外墙保温防水一体板施工工艺

应用工程：华晨宝马汽车有限公司大东工厂第七代新五系建设项目涂装车间、（EEX）总装车间主车间

应用单位：中国建筑第八工程局有限公司、中国建筑第五工程局有限公司、鞍钢建设集团有限公司

2. 规范要求：

水平竖向拼缝紧密，不渗不漏。

3. 工艺要点：

（1）工序：

下部墙板安装固定→水平泛水件安装，深入到墙板内侧→上层墙板安装→拼缝 U 型条丁基胶带粘贴→墙板左右拼缝 U 型条安装→自攻螺钉固定校紧。

（2）关键工艺

① 墙板常规拼缝节点：拼缝下层墙板与上层墙板接缝位置，在墙板两端位置粘贴丁基胶带。

② 高低跨横向泛水节点：下层第一块墙板安装完成后，安装横向通长设置 0.8mm 厚 Z 型金属泛水板。

4. 节点详图及实例照片（见图 4.1-10、图 4.1-11）

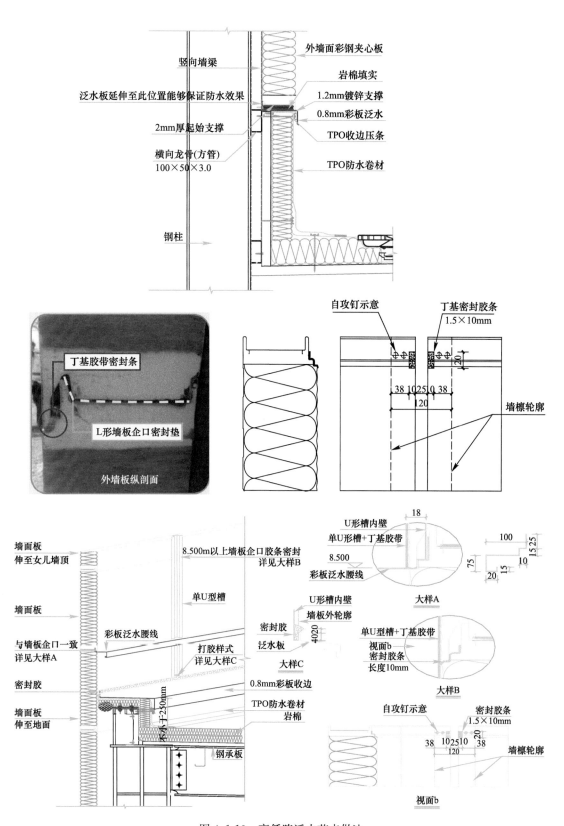

图 4.1-10 高低跨泛水节点做法

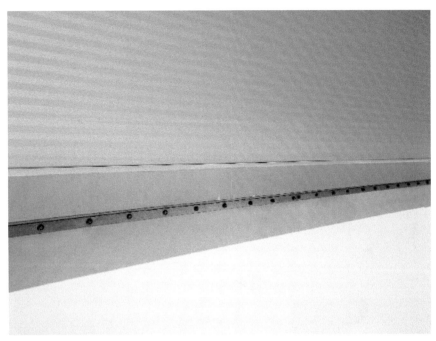

图 4.1-11　墙板整体照片

六、钛复合板制作及安装工艺

1. 工艺名称：钛复合板制作及安装工艺

应用工程：江苏大剧院

应用单位：中国建筑第八工程局有限公司

2. 规范要求：

横向缝保证 100mm±2mm，竖向缝隙保证 25mm±1mm，表面平整度 100％。

3. 工艺要点：

（1）工序：

钛复合板加工→板材切割→钛复合板与铝型材连接→钛复合板安装。

（2）工艺做法

① 钛复合板加工：采用加工中心进行，加工时要同时加入水基的冷却喷雾和冷空气，冷却雾和冷风应吹向刀具的切割面上，理想的加工需要每分钟 10～20mL 的冷却雾。

② 板材的切割：首先用 12mm 的平头刀铣去背板；然后用 11mm 球头刀或 V 形刀刨槽。沟槽底保留 0.12 英寸或 0.3mm 的芯材。第三道工序是板子边缘的外形加钛复合板弯弧加工。

③ 钛复合板与铝型材连接（见图 4.1-12）：

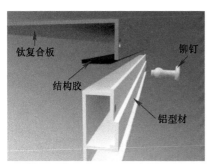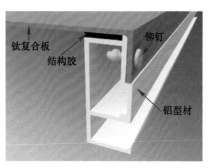

图 4.1-12　钛复合板与铝型材连接

首先将开槽折边好的钛复合板清洁处理，在固定钳上用铆钉固定。之后清理污染物注胶，结构胶固化环境：50% 湿度，+25℃，7～14d。

④ 钛复合板安装

利用 3D 激光扫描技术对现场外罩钢结构进行 3D 扫描，以施工测量控制网中的基准点，建立次檩条的平面控制网。选取部分檩条作为定位檩条进行复测，得出误差后再进行调整，最后安装。最后利用檩条模型，进行钛板板块的分块及点位测量、安装。

4. 节点详图及实例照片（见图 4.1-13、图 4.1-14）

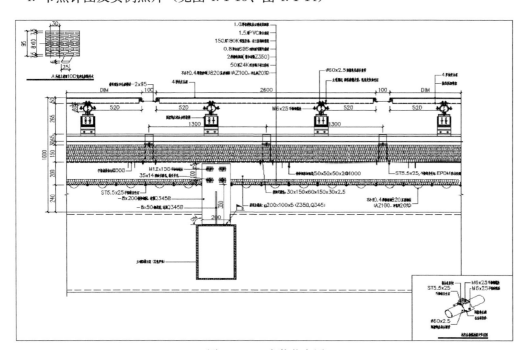

图 4.1-13　安装节点图

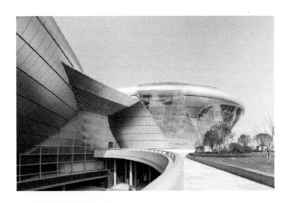

图 4.1-14　安装效果图

七、创新技术：双曲面铝板幕墙加工安装技术

1. 创新技术：双曲面铝板幕墙加工安装技术

应用工程：重庆西站（重庆至贵阳铁路扩能改造工程重庆西站站房及相关工程）

应用单位：中铁十二局集团有限公司、山西四建集团有限公司

2. 关键技术或创新点：

（1）根据建筑师给出的平、立面进行三维电脑建模。

（2）由三维模型与每层平面的相交线得出一个二维外轮廓曲线。

（3）在此二维外轮廓曲线基础上，进行立面分格，得出每个铝板或玻璃单元的位置和二维坐标数值。

（4）由于机械加工的精度决定了加工件的误差在毫米级以内，因此，实际操作时应首先要保证连接件的安装精度，即可确保幕墙安装的准确性。

（5）求出理论位置与实际情况偏差值的数据。该数据是幕墙系统的最终定位数据。

因为土建施工误差较大，测量时必须要和土建施工测量的基准线进行比较。

3. 节点详图及实例照片（见图 4.1-15）：

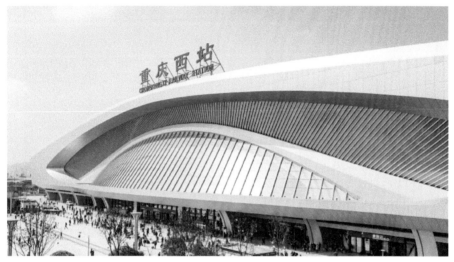

图 4.1-15　曲面铝板安装实例图

八、创新技术：塔楼外立面幕墙单元板块外带竖向彩釉夹胶玻璃装饰线安装技术

1. 创新技术：塔楼外立面幕墙单元板块外带竖向彩釉夹胶玻璃装饰线安装技术

应用工程：IT 容灾、研发及后援中心工程

应用单位：中国建筑一局（集团）有限公司

2. 关键技术或创新点：

（1）确保单元幕墙内部防水密封，确保各幕墙板块及竖向彩釉夹胶玻璃装饰线的安装精度、保证观感效果。

（2）幕墙单元板块与彩釉夹胶玻璃装饰线分别工厂预制加工。

（3）幕墙单元板块与彩釉夹胶玻璃装饰线运送至现场后通过预留转接件进行组装固定。

（4）安装幕墙板块支座，通过测量放线等手段确保其安装精度。

（5）幕墙单元板块垂直运输安装，在每层平面上，外侧向内侧，按逆时针方向的顺序进行吊装安装。

（6）对吊后的幕墙单元板块进行定位调整。借助水平仪通过调整高度的调节螺栓，实现板块高度方向的微调，并且对单元板块的左右接缝进行校验微调。调整完毕后将连接挂件与转接件锁紧。

（7）安装防水压盖，清洁、防水打胶。

（8）进行防渗水实验。

（9）安装幕墙避雷系统，幕墙避雷系统的引下线最后与土建接地装置要有可靠的连接，幕墙避雷系统不单独设置接地装置。

（10）安装防火层。

3.节点详图及实例照片（见图 4.1-16、图 4.1-17）：

图 4.1-16　竖向彩釉夹胶玻璃装饰线实例图

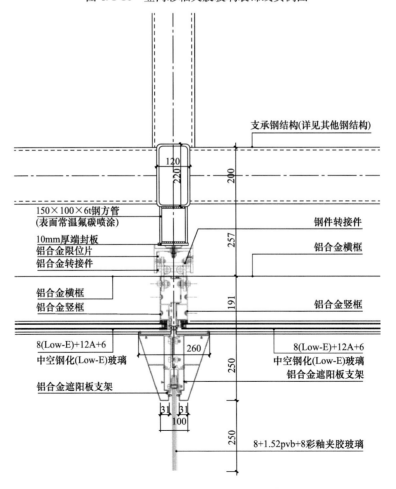

图 4.1-17　竖向彩釉夹胶玻璃装饰线安装节点图

第二节　外檐细部做法

一、散水做法

1. 工艺名称：散水做法

应用工程：葫芦岛市中心医院儿科及内科病房楼

应用单位：辽宁绥四建设工程集团有限公司

2. 规范要求：

表面平整，分缝合理美观，排水坡度、坡向正确，无积水。

3. 工艺要点：

（1）工序：

素土夯实→150mm 厚碎石灌 M2.5 水泥砂浆→60mm 厚 C15 混凝土→30mm 厚→风道四面面砖粘贴→泛水檐三面粘面砖→风道顶盖板周边三面粘 1：3 干硬性水泥砂浆粘贴→20mm 厚烧毛花岗岩→伸缩缝内填嵌缝膏→施注耐候胶。

（2）工艺做法：

① 根据设计要求在室外管网施工完成后进行室外散水基层做法，散水宽 900mm，向外坡 3%～5%。

② 散水与外墙石材幕墙间设置 20mm 宽伸缩缝，板材宽度同外墙石材幕墙分格尺寸，板与板间设置 8mm 宽伸缩缝，并每 6～10m 设置一道 20mm 宽伸缩缝。

③ 依据天地上下对应原则，阳角处散水理石拼接做法同屋面挑檐做法。

4. 节点详图及实例照片（见图 4.2-1、图 4.2-2）：

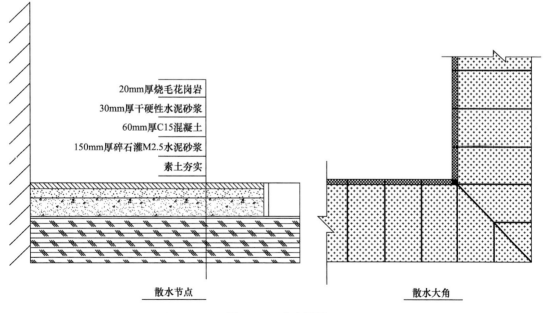

图 4.2-1　节点详图

 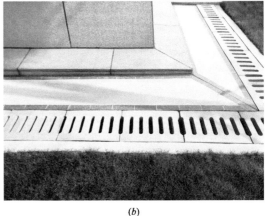

(a)   (b)

图 4.2-2 室外散水

二、室外散水明沟施工工艺

1. 工艺名称：室外散水明沟施工工艺

应用工程：湖南省总工会灰汤温泉职工疗养院

应用单位：中建五局第三建设有限公司

2. 规范要求：

水泥混凝土散水、明沟，应设置伸缩缝，其延米间距不得大于 6m；房屋转角处应做 45°缝。水泥混凝土散水、明沟等与建筑物连接处应设缝处理。上述缝宽度为 15～20mm，缝内填嵌柔性密封材料。

3. 工艺要点：

（1）工序：

建筑物周边垃圾清理→砌筑明沟（同步控制回填土面层标高）→回填土摊铺、晾晒→打夯密实（最优含水率状况下）→条砖下垫层施工、条砖铺贴分格（同步控制散水面最终完成标高）→条砖粘贴胶带纸（满粘）→散水面层混凝土浇筑、压光→排水沟粉刷→伸缩缝打胶、明沟盖板安装→清理胶带纸。

（2）工艺做法

① 检查建筑物周边防水是否完整、有效。

② 清理建筑物周边建筑垃圾、杂物。

③ 人工开挖排水沟土方，最大力度减少原状土扰动。

④ 排水沟垫层浇筑，每 4m 设伸缩缝，养护 7d；砌筑排水沟，沟宽 240mm，沟两侧砌体各宽 240mm，每间隔 4 米砌筑 370mm×370mm 砖跺，标高同排水沟砌体。

⑤ 选取预留基础持力层优质土方，翻晒至最优含水率后填埋至排水沟两侧，采用小型打夯机打夯密实，距排水沟砌体 200mm 范围内人工打夯，以免扰动砌体。

⑥ 浇筑分格砖下垫层，铺装条砖，长度方向上条砖间距 4m，转角处拼 45°斜缝，相邻两格条砖间缝宽为 15mm，条砖与建筑物墙身间缝宽亦为 15mm。

⑦ 条砖及建筑物墙身粘贴胶带纸，其中条砖满铺，建筑物墙身铺贴 200mm 高。

⑧ 浇筑散水面层混凝土，表面原浆压光，标高同条砖面层。

⑨ 排水沟内侧及面层抹灰，厚度 20mm。

⑩ 伸缩缝填灌沥青胶，清理胶带纸，安装排水沟盖板。

4. 工艺照片及节点详图（见图 4.2-3）：

图 4.2-3 散水明沟成型效果实例图

三、外石材幕墙胶缝施工工艺

1. 工艺名称：外石材幕墙胶缝施工工艺

应用工程：葫芦岛市中心医院儿科及内科病房楼

应用单位：辽宁绥四建设工程集团有限公司

2. 规范要求：

外石材幕墙胶缝应符合设计要求，胶缝饱满，表面光滑无污染。

3. 工艺要点：

（1）工序：

外墙石材板块安装（石材间接缝 8～10mm）→垫杆填塞→清洁注胶缝→粘贴刮胶纸→石材缝注胶→刮胶→清洁收尾。

（2）工艺做法：

① 根据设计规格选择垫杆填塞到拟注胶之缝中，保持垫杆与板块侧面有足够的摩擦力，填塞后垫杆凸出表面距石材表面约 4mm。

② 清洁注胶缝，选用干净不脱毛的洗洁布和二甲苯，用"二块抹布法"将拟注胶缝在注胶前半小时内清洁干净。

③ 粘贴刮胶纸。

④ 胶缝在清洁后半小时内应尽快注胶，超过时间后应重新清洁。

⑤ 刮胶应沿同一方向将胶缝刮平（或凹面），同时应注意密封胶的固化时间。

⑥ 石材表面的胶丝迹或其他污物可用刀片刮净并用中性溶剂洗涤后用清水冲洗干净。

4. 工艺照片及节点详图（见图 4.2-4～图 4.2-6）：

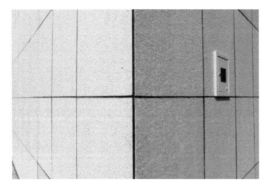

图 4.2-4　局部效果

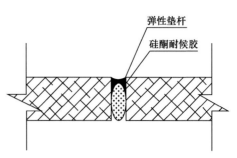

图 4.2-5　外墙石材胶缝

图 4.2-6　整体效果

四、创新技术：石材幕墙组拼式角钢格构龙骨支撑体系施工技术

1. 创新技术名称：石材幕墙组拼式角钢格构龙骨支撑体系施工技术

应用工程：中国通号轨道交通研发中心

应用单位：中铁建设集团有限公司

2. 关键技术或创新点

（1）角钢格构架体系：将外幕墙的每层、每根装饰柱作为一个整体，将其整个受力体系优化成一个方形空间受力体系。

（2）个角设置四根角钢，通过考虑石材的分格、背槽支撑点位置等因素，设置横向连接角钢，在两侧的横向角钢之前设置角钢斜撑，横撑与斜撑将四根立向角钢连为一体。

（3）组拼式角钢格构龙骨支撑体系使用成品小型卷扬机（额定载重1t）整体吊装，就位后与幕墙槽钢转接件进行焊接连接，实现与结构连接。

（4）每个组拼式龙骨支撑体系之间通过同种型号角钢连接；连接角钢与下层组拼式角钢格构龙骨支撑体系竖向角钢焊接连接，与上层组拼式角钢格构龙骨支撑体系龙骨螺栓连接。

90

3. 应用范围及效果

采用石材幕墙组拼式角钢格构龙骨支撑体系施工技术，实现了幕墙龙骨的工厂化加工、现场整体吊装，起到了提高工作效率、降低工程成本的良好效果。

实用新型专利"石材幕墙用龙骨支撑体系单元"已获得专利证书（专利号 ZL 201420165104.3）。

该工法适用于单层高度不超过 4m、截面尺寸不大于 1m×1m 的石材幕墙装饰柱龙骨。见图 4.2-7～图 4.2-8。

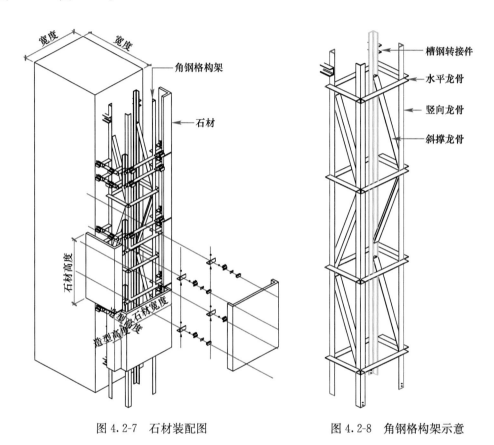

图 4.2-7　石材装配图　　　　　　　图 4.2-8　角钢格构架示意

五、创新技术：三维立体化网状弧形玻璃幕墙施工

1. 创新技术名称：三维立体化网状弧形玻璃幕墙施工

应用工程：内蒙古自治区儿童医院、妇产医院、妇幼保健院外迁合建项目

应用单位：内蒙古兴泰建设集团有限公司

2. 关键技术和创新点：

（1）主次龙骨施工完毕后，采用 T 型钢件与主龙骨不包铝板面焊接，T 型面朝外，玻璃板缝为 16mm，玻璃交叉点为 T 型钢件。

（2）利用全站仪进行空间定点放样，经计算机放样数据与经纬仪现场多次放样数据进行调整并相吻合，精确定位 T 型点位。每一块玻璃能够保证完整闭合，每一个弧面拼接平整、顺直，达到建筑外立面曲线弧形流畅。见图 4.2-9。

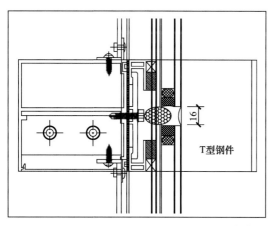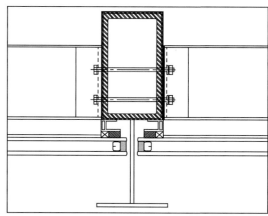

图 4.2-9　玻璃与 T 型钢件安装示意图

（3）网状形铝方管安装是在玻璃安装完毕接缝打胶后进行，装饰横向铝方管通过螺栓与 T 型钢件预留孔位连接，玻璃与横向铝方管净距为 70mm，T 型钢件与铝方管从里面连接，所以安装难度较大。竖向铝方管与横向铝方管采用 M6 不锈钢螺栓与自攻钉连接。

3. 应用范围及效果：

（1）应用范围：适用于曲线幕墙施工、弧形幕墙及截面复杂的工程。

（2）应用效果：

① 施工质量高，T 型钢件安装的特殊性，有效提高了网状铝方管的安装施工精度和可操作性，接缝直线度、平整度都得到了有效控制。

② 与传统明框横梁螺栓固定做法相比，有效节约了铝型材及加快了安装进度，同时不像传统工艺螺栓连接破坏铝型材，影响其保温隔热性能。

③ 可塑性强、安装方法简便、快捷、从而达到建筑外立面曲线弧形流畅的建筑效果、艺术质感好。见图 4.2-10。

图 4.2-10　工程实例

六、创新技术：外倾鱼腹式拉索幕墙施工技术

1. 创新技术名称：外倾鱼腹式拉索幕墙施工技术

应用工程：南京青奥体育公园市级体育中心体育馆

应用单位：南京建工集团有限公司

2. 关键技术或创新点：

（1）拉索玻璃幕墙体系具有很好的通透性、体系灵活、结构安全、节能环保和工艺性能良好等特点。

（2）本工程全索玻璃幕墙体系由 3 个部分组成：玻璃面板、拉索桁架、拉索支承结构。

（3）本工程拉索预张力按三个阶段进行控制：第一次施加设计预拉力值的 50％；第二次施加设计预拉力值的 80％；第三次施加设计预拉力值的 100％。

（4）拉索及玻璃安装施工流程如图 4.2-11 所示。

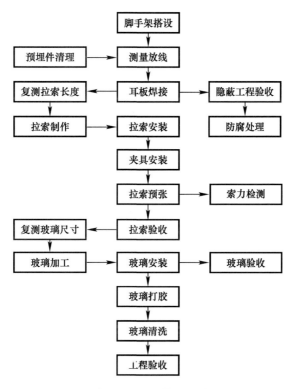

图 4.2-11　工艺流程图

3. 应用范围及效果：

（1）克服了结构体系刚度小，变形难的特点。

（2）克服了受力体系复杂，预拉力控制难度大的特点。

（3）本工程在原有测量方案基础上提出了一种改进的测量方案，提高了测量精度。

（4）玻璃幕墙为不规则的环形面，是一个复杂的空间三维曲面幕墙体系，整个工程所有拉索在工厂加工完成并在工厂进行预张拉，到现场不能切割调整长度，长度误差允许范围只有 50mm，超过此范围只能报废，因此对三维测量要求极高。

（5）最大限度地降低拉索体系施工对原结构的影响。安装效果见图 4.2-12。

图 4.2-12　安装效果图

七、创新技术：多功能防火排烟窗施工技术

1. 创新技术名称：多功能防火排烟窗施工技术

应用工程：南京青奥体育公园市级体育中心体育馆

应用单位：南京建工集团有限公司

2. 关键技术或创新点：

（1）公共建筑消防自动排烟系统自动自然排烟窗能够同时满足手动开启、远程开启、消防联动开启和熔断开启，集多种开启方式为一体。原理图如图 4.2-13。

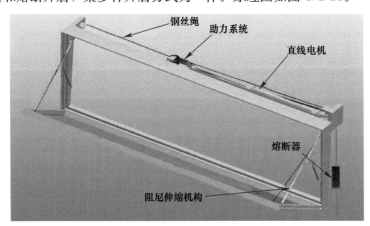

图 4.2-13　自动自然排烟窗原理图

（2）施工过程如图 4.2-14 所示。

（3）创新特点：

① 具备远程控制开启和关闭功能；具备自动排烟窗与火灾报警系统联动功能；具备机械手动开启功能，不受失电、失消防信号影响；多种开启方式一体化设计，稳定性好。

② 具备熔断器熔断开启机构，熔断器易熔片温度达到设计温度时，能依据重力强制开启排烟窗。

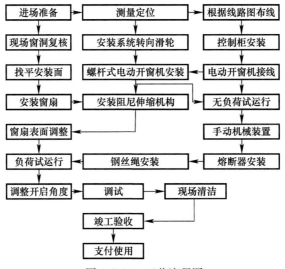

图 4.2-14　工艺流程图

③ 系统能确保在任何紧急情况下都能正常工作，保证在发生故障时能自动打开并处于全开位置。

④ 自动自然排烟窗系统可以与玻璃幕墙融合而成为一个整体的系统。

⑤ 工厂化制作与现场安装相结合，施工效率高，安装方便快捷，提高施工速度，缩短工期。

3. 应用范围及效果（见图 4.2-15）：

图 4.2-15　安装效果图

八、创新技术：超高大倾角铝板幕墙施工技术

1. 创新技术名称：超高大倾角铝板幕墙施工技术（16.5×14.1×53.5m 的巨型倾斜柱，巨柱与地面夹角为 70°）

应用工程：哈尔滨万达文化旅游城产业综合体-万达茂

应用单位：中国建筑第二工程局有限公司

2. 关键技术或创新点：

（1）连接件安装：安装前在结构上弹出分格线及标高线。

（2）龙骨安装：采用拉通线法检查并矫正直线度，符合精度后再安装。

（3）铝板的安装：在龙骨上弹设铝板安装中心定位线；依据编号图进行铝板安装，铝板安装时拉横向、竖向控制钢线，检查钢框对角线及平整度。

（4）铝板打胶：首先清理板缝，填塞泡沫条，粘贴美纹纸；再用清洁剂清洗基材表面后，注入密封胶，注胶连续饱满，刮胶均匀平滑不得跳刀。

（5）吊篮安装：正倾斜柱面采用带轨道外撑式电动吊篮施工。每部吊篮通行施工作业区域，设置两条硬质挂轨，采用 60×60×4 钢管竖向安装在斜柱钢结构上，采用 U 形栓进行固定，形成轨道。吊篮篮筐与轨道相接处的一侧设置双排滚杠，通过吊篮滚杠在轨道上行走。幕墙竖龙骨安装完毕后拆除挂轨，采用竖龙骨做硬质轨道，完成横梁、面板的安装。见图 4.2-16。

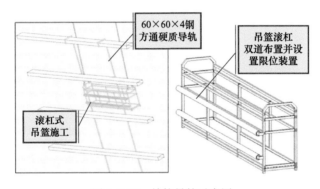

图 4.2-16　挂轨吊篮示意图

（6）负倾斜柱面施工，采用内拉式吊篮，内拉绳设在吊篮框上部 1.5m 处，拉绳与吊篮吊挂钢绳用绳卡限位，用鸡心环与钢绳套拉，拉绳另一端系在巨型柱钢结构横梁杆上，满足内拉吊篮斜柱面施工需要。见图 4.2-17。

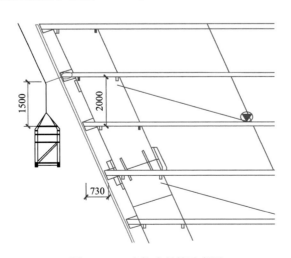

图 4.2-17　内拉式吊篮示意图

3. 应用范围及效果（见图 4.2-18）：

图 4.2-18　安装效果图

第五章　装饰装修

第一节　建筑外立面工程

一、质感刮砂涂料观感控制施工工艺

1. 工艺名称：质感刮砂涂料观感控制施工工艺

应用工程：云南海埂会议中心商务酒店

应用单位：云南建投第二建设有限公司

2. 规范要求：

要求颜色均匀一致，无泛碱，无流坠、疙瘩，无砂眼、刷纹，凸凹均匀、涂层与其他材料设备的衔接应吻合，界面清晰。

3. 工艺要点：

（1）工序：

检查施工前环境状况→检查基面→基面处理→基底处理→涂刷界面处理剂→批刮腻子→砂纸打磨→底漆施工→质感涂料施工。

（2）工艺做法：

① 基层清理：将基面的灰尘、油污清理干净。基层的含水率和施工环境（温度、湿度）应符合产品要求，不能冒雨进行施工。

② 分格缝施工：首先按照设计图纸分格缝设置尺寸，用墨斗在墙面上弹出分格缝的两条边线，然后根据分割缝的宽度、深度选用双轮切割机进行切缝，缝切好后，由人工用小锤、錾子剔除分格缝内的粉刷砂浆后，用高标号的水泥砂浆将缝修直补平后用自攻螺丝及膨胀套将铝合金分格条嵌入缝内固定牢固。

③ 批刮腻子：采用一遍找平腻子两遍细腻子进行配套对墙体大面满刮找平，刮涂每遍腻子前先用清水湿润墙体。最后一道腻子刮涂前，先用砂纸对前面刮涂的腻子进行打磨，打磨符合要求后，方能刮涂，待干二至三天，达到腻子要求强度即可进行底漆的施工。要求腻子必须刮平、收匀。

④ 涂刷底漆：底漆作用是封闭底层的水分、酸碱盐类等物质，提高附着力，防止面层起泡、泛碱、粉化等现象。同时还可以增强腻子层的强度。

施工方法：按规定配比混合均匀，放置10min后，进行涂刷。腻子层表面形成可见涂膜，无漏涂现象。

施工完成，至少干燥24h（晴天），方可进入下道工序施工。

⑤ 刮涂面漆：面涂的作用是保护建筑物，增强耐候、耐污染、耐化学性，提供丰富的色彩与高档装饰性。

施工方法：等底涂表面干至60%左右，采用专用工具手工左右拖涂面涂，拖刷时应用力均匀，确保质感涂料凹凸均匀，分布均匀，无流挂，发花现象；手感光滑，颜色整体一致。

4. 节点详图及实例照片（见图 5.1-1、图 5.1-2）：

图 5.1-1　质感刮砂涂料实例图　　　　图 5.1-2　质感刮砂涂料大景效果

二、大型竖挂陶土板施工工艺

1. 工艺名称：大型竖挂陶土板施工工艺

应用工程：香港中文大学（深圳）一期工程

应用单位：上海宝冶集团有限公司；陕西建工集团有限公司

2. 规范要求：

竖缝及墙面垂直度小于 10mm，横向板材水平度小于 2mm。

3. 工艺要点：

（1）工序：

钢连接件安装→钢立柱安装→钢横梁安装→铝合金挂件安装→陶土板和调节铁片安装→钢丝安装→铝板收口→清洗报验。

（2）工艺做法：

① 根据现场测量放线基线进行钢连接件定位和安装；

② 根据连接件的定位进行陶土板钢立柱安装，并按照规范要求对钢立柱分隔尺寸和垂直度进行检查；

③ 按照顺序安装陶土板钢横梁，安装前对横梁加工尺寸进行复查，并进行满焊和防腐工作，在对焊缝质量、分隔尺寸、防腐工作自检合格之后报隐蔽验收；

④ 按照陶上板从左往右的安装顺序安装铝合金挂件，安装之前检查挂件的加工精度和安装的分格尺寸；

⑤ 按照从左往右的顺序安装 1200×600 大型陶土板，每一竖排安装完成后，进行面板垂直度以及分隔缝的测量，并在第二排安装之前安装好调节铁片；

⑥ 每一竖排陶土板安装调节完成后，在每一排竖向孔按照图纸布置两条防脆断坠落钢丝，通长布置，并将钢丝端头固定在钢龙骨上，钢丝布置不宜过紧，安装时注意不能影响陶土板面板平整度；

⑦ 按照图纸要求，安装上下口收口铝板，铝板安装之前再次检查陶土板分格尺寸、成品保护以及颜色的均匀度；

⑧ 清洁报验。

4. 节点详图及实例照片（见图 5.1-3）：

图 5.1-3　竖挂陶土板实例图

三、工具式幕墙脚手架刚性连墙件施工工艺

1. 工艺名称：工具式幕墙脚手架刚性连墙件施工工艺

应用工程：宜昌市委党校（宜昌市行政学院）迁建工程

应用单位：湖北广盛建设集团有限责任公司

2. 规范要求：

（1）施焊方法、焊缝高度符合设计要求；

（2）连墙件防锈漆、面漆颜色统一、均匀、无污染；

（3）连墙件刚性强，无砌体补洞工序，不影响后续施工，无渗水隐患，安拆简便，并对混凝土结构无影响。

3. 工艺要点：

（1）工序：

连接件构造尺寸设计→安全性验证→构件加工制作→实验检查→连墙件安装、拆除。

（2）工艺做法：

① 连墙件由专业设计人员进行图纸尺寸设计；

② 按照《危险性较大的分部分项工程安全管理办法》编写专项方案，组织专家论证；

③ 连墙件制作由专业技术人员根据施工图纸进行放样，并由专业施工人员进行下料施焊；

④ 材料、埋件按规格、型号堆放整齐，不得采用火焊割；

⑤ 有资质的检测站检验连墙件的抗拉、抗压承载力、焊缝损伤等情况；

⑥ 运用 BIM 技术进行幕墙及预埋件预建造，使其精确定位，确保连墙件在幕墙缝隙之间；

⑦ 脚手架搭设时通过 Φ12 螺栓将连接件固定在主体结构上，通过 Φ12 螺栓将定型化钢管与连接件连接，并用弹簧垫片实施紧固连接；幕墙工程施工打胶阶段拆除外架连墙件螺母，通过工具锤，就可以轻轻将扁钢打进幕墙里面，然后进行幕墙工程缝口打胶。

4. 节点详图及实例照片（见图 5.1-4、图 5.1-5）：

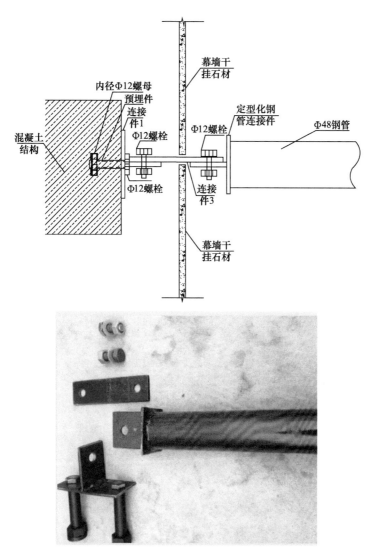

图 5.1-4　工具式幕墙脚手架刚性连墙件构造及实景图

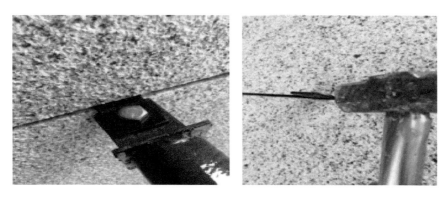

图 5.1-5　工具式幕墙脚手架刚性连墙件构造及实景图

四、外墙石材幕墙转角变形缝施工工艺

1. 工艺名称：外墙石材幕墙转角变形缝施工工艺

应用工程：诸暨市中医医院浣东分院建设项目二期工程

应用单位：浙江展诚建设集团股份有限公司

2. 规范要求：

此节点用以解决外墙石材幕墙变形缝位于转角等难以处理的部位，并可根据建筑物伸缩方向灵活确定具体施工方案，主要有取材便捷、施工方便，同时完工后整体美观、顺直。

3. 工艺要点：

（1）工序：

石材幕墙干挂钢架完成→测量放线→伸缩缝钢架制安→止水带安装→铝板伸缩缝安装→石材安装完毕后嵌泡沫条打密封胶。

（2）工艺做法：

① 现场测量定位后进行电脑排版，石材幕墙钢龙骨根据排版要求制安完毕。

② 根据制安完毕的幕墙龙骨进行二次放样，放样采用经纬仪，以确保伸缩缝竖向垂直、宽度一致，并在幕墙龙骨上拉钢丝进行定位、定尺。

③ 伸缩缝钢架制作并安装，龙骨焊接均应满焊，焊接点进行防腐处理。

④ 根据现场测量按需裁切三元乙丙橡胶卷材并进行安装，安装时需注意上下搭接，上一块止水带应在下一块止水带的外侧。

⑤ 伸缩缝铝板采用加工厂定制，根据现场情况结合电脑排版要求进行铝板放样开料单，并要求厂家在生产时铝板可视面的折边均需采用铣槽工艺，且折边内侧用铝焊加强并磨光，铝板发货到场即进行按序安装，并在铝板与龙骨的接触面采用结构胶粘贴，以增加铝板的平整性和耐久性。

⑥ 伸缩缝两边的石材在铝板安装到位后再行安装，在石材安装完毕后进行打胶收口，打胶前需在拼缝两侧通长粘贴美纹纸，打胶完成立即撕去美纹纸，确保胶缝饱满、平直、粗细一致。

4. 节点详图及实例照片（见图 5.1-6～图 5.1-8）：

图 5.1-6　全景实例图

图 5.1-7　细部节点图

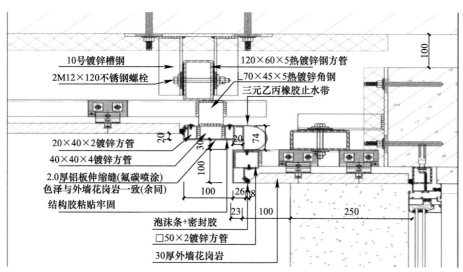

图 5.1-8 外墙石材幕墙转角变形缝节点详图

图中标注：
10号镀锌槽钢
2M12×120不锈钢螺栓
120×60×5热镀锌钢方管
∟70×45×5热镀锌角钢
三元乙丙橡胶止水带
20×40×2镀锌方管
40×40×4镀锌方管
2.0厚铝板伸缩缝(氟碳喷涂)
色泽与外墙花岗岩一致(余同)
结构胶粘贴牢固
泡沫条+密封胶
□50×2镀锌方管
30厚外墙花岗岩

五、内圆弧外墙干挂板施工工艺

1. 工艺名称：内圆弧外墙干挂板施工工艺

应用工程：浐灞金融文化中心

应用单位：陕西建工集团有限公司

2. 规范要求：

挂贴牢固、表面平整无色差、观感平顺、弧度自然。

3. 工艺要点：

（1）工序：

计算机排版→板材定做→龙骨安装→板材定位弹线→板材安装→打胶收口。

（2）工艺做法：

① 计算机排版，保证内圆外墙弧度顺滑，确定一圈的板材数量、尺寸；

② 按照计算机排版尺寸下料，厂家定制板材、龙骨加工；

③ 定制弧形龙骨安装，按照排版位置定位划线；

④ 板材安装时注意面层有无划伤、破损，是否存在色差；

⑤ 打胶时注意颜色宜选用与板材颜色相近，浑然一体。

4. 节点详图及实例照片（图 5.1-9～图 5.1-11）：

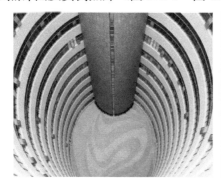

图 5.1-9 内圆弧外墙干挂板实例图

图 5.1-10　内圆弧外墙干挂板实例图

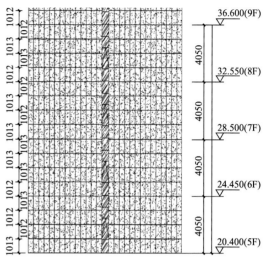

图 5.1-11　内圆弧外墙干挂板排板图

第二节　吊　顶　工　程

一、石膏板吊顶安装工艺

1. 工艺名称：石膏板吊顶安装工艺

应用工程：中关村资本大厦工程

应用单位：北京城建集团有限责任公司

2. 规范要求：

表面洁净、色泽一致，无污染、破损、裂缝。平面吊顶表面平整，允许偏差 2mm，曲面吊顶表面顺畅、无死弯；留缝宽窄一致、顺直，接缝接口严密、无错台；缝格、凹槽平直度 2mm，接缝高低差 0.5mm。

3. 工艺要点：

（1）工序：

弹线→安装吊杆→安装主龙骨→安装次龙骨和横撑龙骨→安装纸面石膏板→接缝处理。

（2）工艺做法：

① 主龙骨为承载龙骨 50mm×15mm×1.2mm，布置方向与长方向一致，两端头距离墙不大于 150mm，主龙骨之间间距不大于 1000mm，主龙骨用承载龙骨吊件与 M8 全丝吊杆连接，吊杆用内膨胀管与结构楼板连接牢固、垂直。

② 次龙骨间距均为 400mm，次龙骨横撑采用与次龙骨相同型号龙骨，中距 1200mm，伸缩缝采用 100mm×10mmU 形槽嵌条，与主龙骨连接牢固；石膏板接缩处两侧均安装有宽度不少于 50mm 的次龙骨；在检修口及洞口处有附加吊杆和补强龙骨。

③ 吊顶龙骨起拱高度为房间短向跨度的 1/200～1/300。

④ 边龙骨由 38mm×12mm×1.0mm 轻钢龙骨沿吊顶标高在四周固定。

⑤ 吊顶龙骨与楼板超 1.5m 设置反向支撑，采用 30mm×30mm×3mm 的镀锌角钢，角钢间距 2m。角钢焊接部位焊接饱满，焊渣清除干净，涂刷防锈漆两遍。

⑥ 双层石膏板吊顶与墙体四周及长度方向不超过6m设置10mm的防开裂凹槽。

4. 节点详图及实例照片（见图5.2-1、图5.2-2）：

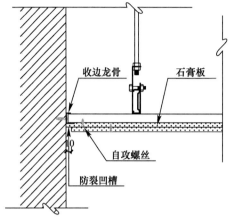

图5.2-1 石膏板防开裂措施详图

图5.2-2 石膏板防开裂实施效果

二、大面积冷库板反装吊顶工艺

1. 工艺名称：大面积冷库板反装吊顶工艺

应用工程：哈尔滨万达文化旅游城产业综合体-万达茂

应用单位：中国建筑第二工程局有限公司

2. 规范要求：

拼缝严密，与结构檩条连接牢靠无松动，表面平整。

3. 工艺要点：

（1）工序：

龙骨安装→地面冷库板钻孔＋大头螺钉→企口打胶→冷库板吊装→大头螺钉与龙骨上的几字型吊件连接→短边T形吊件封边→短边聚氨酯发泡→聚氨酯发泡盖板固定。

（2）工艺做法：

① 通过GIS技术对已完成钢结构进行逆向建模，根据冷库板规格及固定间距确定龙骨的间距和标高，对于龙骨结构之间缝隙较大的部位，通过在两者之间焊接T形连接板进行误差消除，确保冷库板表面平整、弧度圆滑顺畅（图5.2-3）。

② 在冷库板短边钻孔，将隔热大头螺钉穿过孔，拧一个底层螺母，冷库板至底层螺母之间垫有橡胶垫片，在冷库板长边企口的凹槽内填硅酮胶，硅酮胶应紧贴凹槽底部，沿凹槽通长填充，高度为凹槽深度1/3，确保起到阻绝空气流通的作用。

③ 采用布置在屋盖内的小型卷扬机将冷库板提升到龙骨下，同时将几字型吊件骑在龙骨上，将隔热大头螺钉穿过几字型吊件上的圆孔，拧一个顶层螺母（图5.2-4）。

④ 通过调整几字型吊件在龙骨上的位置，使冷库板长边的企口与相邻冷库板对接严密，在几字型吊件上端与采用自攻钉与龙骨的上翼缘连接固定，侧面采用Z型定位板将几字型吊件的侧面与龙骨的腹板连接固定。

⑤ 采用轻型卷扬机将下端勾有封缝吊件的隔热吊钩提升到冷库板下侧，封缝吊件一侧设有橡胶条，确保其与冷库板之间无缝接触，同时消除相邻冷库板表面平整度的偏差，

然后在冷库板之间的缝隙满填发泡聚氨酯，确保保温性能。

⑥ 待发泡聚氨酯硬化后，采用封缝钢板对聚氨酯上表面进行保护，确保耐久性能。

4. 节点详图及实例照片（见图 5.2-5～图 5.2-7）：

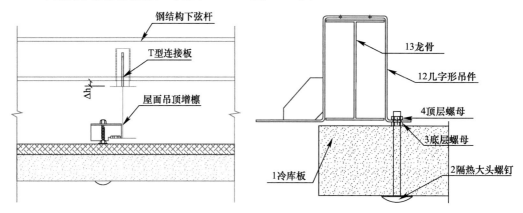

图 5.2-3 龙骨安装示意图　　　　　　　图 5.2-4 冷库板安装节点示意图

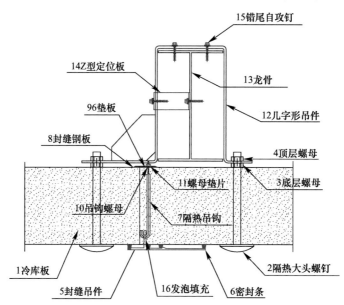

图 5.2-5 做法节点详图

图 5.2-6 冷库板照片

图 5.2-7 工程实例

三、曲面造型 GRG 吊顶施工工艺

1. 工艺名称：曲面造型 GRG 吊顶施工工艺

应用工程：江苏大剧院

应用单位：中国建筑第八工程局有限公司

2. 规范要求：

GRG 吊顶表面平整、无凹陷、翘边、蜂窝麻面现象，板面接缝平整光滑；安装牢固可靠，转角过度平滑，涂料喷涂均匀分色界面清晰。

3. 工艺要点：

（1）工序：

现场三维数据采集→点云建模→模型对比→数字化下单、加工→三维空间测量放线→GRG 单元板安装→嵌缝处理→做面层。

（2）工艺做法：

① 对施工现场进行三维扫描，将相关信息采集，生成相关数据报告，为后续的信息模型建立工作提供优先条件。

② 依据扫描仪生成的点云外形，采用专业的逆向软件来反求出与扫描对象吻合的三维模型。

③ 将现场曲面网壳基层 GRG 模型与设计模型做数据比对，进行施工前的模型碰撞实验，找出存在冲突的区域，针对该区域设计进行空间调整。

④ 根据之前做的数据扫描工作及调整后的模型，将模型做合理化的分割再进行后场加工。

⑤ 项目部运用大空间自由曲面三维数字化施工工法进行放线，定位。通过 BIM 系统，生成各板块自有的三维坐标控制点，来指导面层材料的安装定位。

⑥ GRG 单元板之间用 6mm 螺杆连接，螺杆中在单元板之间用小木块做垫片。

⑦ 在天花 GRG 板安装完成后，检查对拉螺栓是否全部拧紧，所有板缝填补密实后，再在板背面的拼接缝部位，采用专用嵌缝膏填实板缝。填实后 1h 再均匀的刮一层嵌缝膏并贴好玻璃纤维网格胶带（50mm）宽，再刮嵌缝膏一遍，使其嵌入膏体内，三道工序连续处理。

⑧ GRG 面层施工。

4. 节点详图及实例照片（见图 5.2-8～图 5.2-10）：

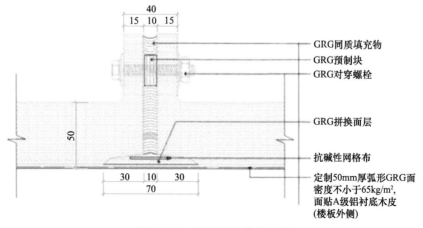

图 5.2-8　GRG 板连接节点图

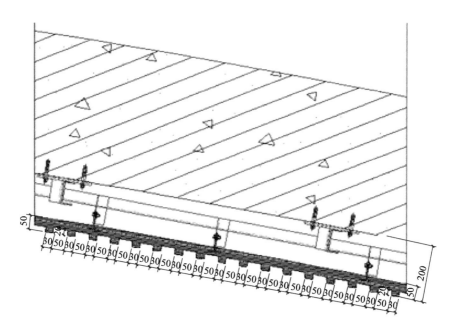

图 5.2-9　GRG板安装节点详图

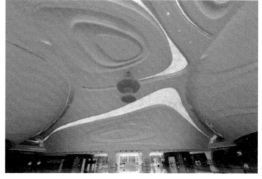

图 5.2-10　曲面造型 GRG 吊顶效果

四、石膏板吊顶与墙面交接节点施工工艺

1. 工艺名称：石膏板吊顶与墙面交接节点施工工艺

应用工程：遵义干部学院

应用单位：中建四局第三建筑工程有限公司

2. 规范要求：

吊顶板面平整度不大于 2mm，收口条顺直度不大于 2mm，与墙面交接处无裂纹、无污染。

3. 工艺要点：

（1）工序：

现场实际尺寸测量→电脑预排版→弹线定位→龙骨安装→石膏板安装→刮瓷刷乳胶漆→末端设备安装→离墙凹槽收口条安装。

（2）工艺方法：根据现场实际尺寸测量，用计算机进行预排版，保证末端设备居中对称，成行成线，分布均匀；使用双层纸面石膏板吊顶，在石膏板与墙体连接处预留 20mm 凹槽；采用 Z 字形黑色不锈钢收口条装饰凹槽。

4. 节点详图及实例照片（见图 5.2-11、图 5.2-12）：

图 5.2-11　石膏吊顶与墙交接部位做法节点图

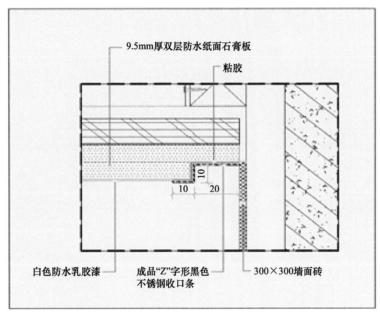

图 5.2-12　石膏吊顶与墙交接部位做法节点详图

五、椭圆穹弧采光顶施工工艺

1. 工艺名称：椭圆穹弧采光顶施工工艺

应用工程：哈尔滨万达文化旅游城产业综合体-万达茂

应用单位：中国建筑第二工程局有限公司

2. 规范要求：

面板固定牢靠、平整面层、胶缝饱满顺直。

3. 工艺要点：

（1）工序：

外围三角网格结构地面拼装成片→临时支撑架安装→成片三角网架吊装就位→中心支撑安装→中心环就位安装→放射状主龙骨安装→次龙骨安装→支撑架拆除→玻璃及铝板安装→拼缝打胶。

（2）工艺做法：

① 对采光顶龙骨深化设计，每两根龙骨的交点成为一个节点，每两个节点之间的杆

件单独下料并编号，杆件为直线型，无弯曲，确保龙骨与面板之间连接牢靠。

② 采用 BIM 软件采集各杆件端口三维坐标，在地面搭设平面分段拼装胎架，通过全站仪矫正胎架支点、杆件端口三维坐标，检查各分隔对角线长度等，合格后开始焊接。

③ 外围三角网格划分为 4 个分片，地面拼装时相邻两个分片之间的环形次龙骨作为预留杆件，分片吊装就位后通过预留杆件调整分片之间的误差。

④ 安装中心环，并采集现场中心环与外围三角网格之间的实际距离尺寸。在地面进行中心环与外围三角网格之间的放射主龙骨分段焊接，根据实际尺寸调整龙骨总尺寸，调整时应保证在同一个环上的节点标高一致。

主龙骨安装完成后进行次龙骨安装。

⑤ 外围三角网格区域结构施工完成后在龙骨上弹出杆件中心线，进行三角网格实际尺寸的现场采集工作，并根据实际尺寸进行玻璃和铝板面板下料加工，消除误差。

⑥ 玻璃安装自上而下进行，整体安装完成后进行密封胶施工。

4. 节点详图及实例照片（见图 5.2-13～图 5.2-15）：

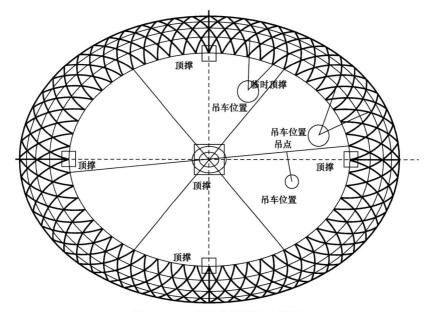

图 5.2-13 外缘分片吊装示意图

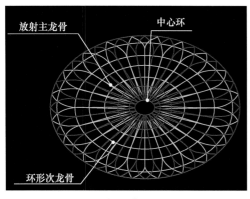

图 5.2-14 龙骨神话设计示意图

图 5.2-15 穹顶施工完成效果

110

六、高空异形铝条板反吊安装节点施工工艺

1. 工艺名称：高空异形铝条板反吊安装节点施工工艺

应用工程：新建云桂铁路引入昆明枢纽昆明南站站房工程

应用单位：中铁建设集团有限公司

2. 规范要求：

铝条板安装平整度、相邻板面高差、阴阳角直线度符合要求（表面平整度2mm，相邻两表面高低差1mm，阴阳角直线度2mm），安装便捷安全。

3. 工艺要点：

（1）工序：

测量放线→龙骨安装→放铝板控制线→铝板安装→装密封胶棒打注胶→清理。

（2）工艺做法：

① 根据现场实际尺寸确定龙骨安装位置；

② 安装龙骨并固定，龙骨二次调平，确认无误后焊接牢固；

③ 提前计算L形角码的长度，铝板安装前应在龙骨放铝板安装水平控制线；

④ 根据安装水平控制线，调整L形角码安装高度，控制面板安装高度；

⑤ 安装密封胶棒打注密封胶；

⑥ 清理面板。

4. 节点详图及实例照片（见图5.2-16～图5.2-19）：

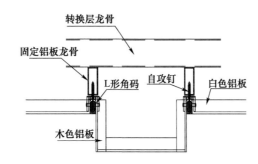

图5.2-16 高空异形铝条板反吊安装节点图

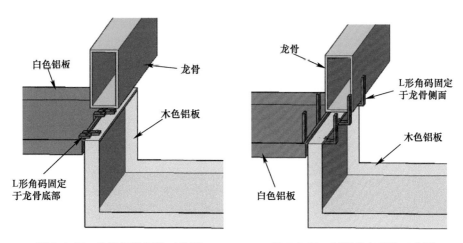

图5.2-17 传统铝板安装工艺图　　　图5.2-18 创新节点安装工艺图

图 5.2-19　高空异形铝条板反吊安装实例图

七、石膏板吊顶与墙身交接阴角施工工艺

1. 工艺名称：石膏板吊顶与墙身交接阴角施工工艺

应用工程：武汉建工科技中心

应用单位：武汉建工集团股份有限公司

2. 规范要求：

涂饰工程的基层腻子应平整、坚实、牢固，无粉化、起皮和裂缝。

3. 工艺要点：

（1）工序：

吊顶主、副龙骨安装完成→龙骨调平→第一层石膏板安装→阴角腻子 20mm 宽一遍→第二层石膏板安装→阴角腻子二遍→阴角部位打磨修正→大面腻子二遍并打磨→乳胶漆涂饰。

（2）工艺做法

① 根据设计要求和现场情况弹线确定吊顶标高和造型；

② 吊顶衔接墙身根部，依据放线位置固定木龙骨支撑，木龙骨支撑底标高需预留石膏板厚度，木龙骨并做好防腐处理，带线调整主、副龙骨标高；

③ 安装第一层石膏板，要求安装牢固，无翘曲变形，板块接缝应错开；

④ 在阴角部位先刮一遍 20mm 宽腻子打底；

⑤ 安装第二层石膏板，面层板与基层板应接缝错开，并不得在同一根龙骨上接缝，转角和平面尺寸变化较大处需整板跨接；

⑥ 阴角部位刮二遍腻子，并打磨修边，要求线条平顺，内槽宽度一致，无交叉污染；

⑦ 大面积腻子施工并打磨，乳胶漆涂饰，要求滚涂均匀，无透底、起皮和掉粉，无交叉污染。

4. 节点详图及实例照片（见图 5.2-20、图 5.2-21）：

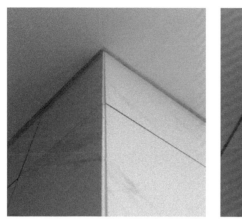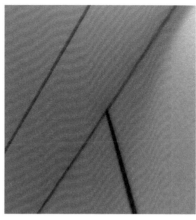

图 5.2-20　石膏板吊顶与墙身交接阴角实景图

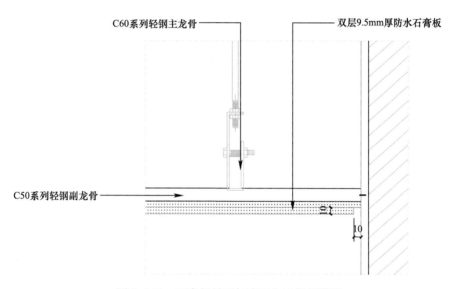

图 5.2-21　石膏板吊顶与墙面收口节点详图

八、板块面层吊顶施工工艺

1. 工艺名称：板块面层吊顶施工工艺

应用工程：杭政储出（2004）2 号地块（钱江新城 A-11、12 地块）

应用单位：浙江省建工集团有限责任公司

2. 规范要求：

吊顶标高、尺寸、起拱和造型符合设计要求。金属网、金属铝板材质、品种、规格、图案、颜色和性能符合设计及规范要求，面板材料金属铝板安装牢固，表面洁净、色泽一致，无翘曲、裂缝及缺损现象。

3. 工艺要点：

（1）工序：

天花钢架转换层制作及安装→天花吊顶异形骨架制作→天花吊顶基层封板→天花吊顶面层金属网、金属铝板安装。

113

（2）工艺做法：

① 根据设计图纸，钢架转换层楼板预埋钢板；

② 根据现场天花标高尺寸选用镀锌角铁加工及安装；

③ 异形天花吊顶镀锌方通施工，所有角铁焊接为满焊并涂刷防锈漆；

④ 基层封板选用石膏板，局部选用铝板铺贴，用结构胶粘贴牢固；

⑤ 面层材料选用金属网、金属铝板及不锈钢异形圆通制作及安装。

4. 节点详图及实例照片（见图 5.2-22、图 5.2-23）：

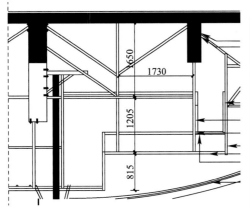

图 5.2-22 天花钢架转换层节点图

图 5.2-23 现场实例照片

九、大跨度高空吊顶铝板安装工艺

1. 工艺名称：大跨度高空吊顶铝板安装工艺

应用工程：杭政储出（2004）2 号地块（钱江新城 A-11、12 地块）

应用单位：浙江省建工集团有限责任公司

2. 规范要求：

（1）起拱高度偏差≤±2″（国家标准≤±5″《工程测量规范》GB 50026—2007）。

（2）表面平整度偏差≤±2mm（国家标准≤±2mm《工程测量规范》GB 50026—2007）。

（3）水平距离偏差≤±3mm（国家标准≤±5mm《工程测量规范》GB 50026—2007）。

3. 工艺要点：

（1）工序：

运用 BIM 技术确定吊篮钢丝绳部位→合理架设超长铝合金吊篮并对吊篮进行编号→制作吊顶铝板骨架→绘制铝板加工图→安装铝板→注胶→拆除吊篮。

（2）工艺做法：

① 本部位采用吊篮穿过楼板进行施工，常规铁吊篮的自重及规范要求的吊篮长度不超过6m，本工程采用铝合金吊篮，吊篮的长度可以达到 15m，合理减少了吊篮钢丝绳部位的收口。

② 通过 BIM 技术，合理分布吊篮间距，吊篮钢丝绳同铝板胶缝在一条线上。

③ 在十六层对楼板开孔，吊篮钢丝绳从空洞部位架设，架设超长铝合金吊篮（15m）并对吊篮进行编号（开孔部位用塑料软管保护钢丝绳）。

④ 制作精准的铝板龙骨，确保铝板的安装精度，根据铝板的骨架绘制铝板加工图。

⑤ 根据铝板编号，按照东西方向从两侧向中间安装，南北方向从中间向两侧安装，

最后收口铝板在南北窗洞口附近，确保施工人员在室内能完成注胶工作。

⑥ 吊篮拆除按照南北方向从中间向两侧进行，拆除吊篮的同时安装吊篮拆除顺序完成注胶。

⑦ 在室内完成窗口边上的铝板，并注胶。

4. 节点详图及实例照片（见图 5.2-24～图 5.2-26）：

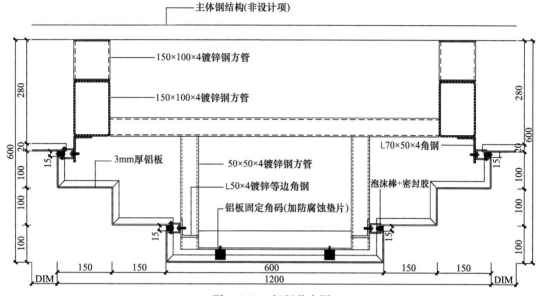

图 5.2-24 铝板节点图

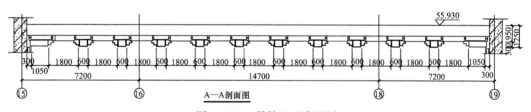

图 5.2-25 吊篮立面布置图

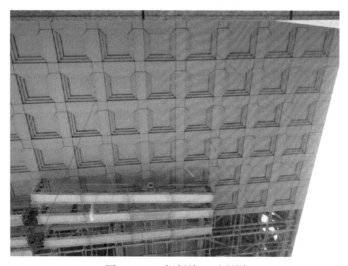

图 5.2-26 铝板施工过程图

十、大堂吧无缝拼接异形仿木纹铝板吊顶施工工艺

1. 工艺名称：大堂吧无缝拼接异形仿木纹铝板吊顶施工工艺

应用工程：永靖黄河三峡旅游综合服务中心

应用单位：中国建筑第七工程局有限公司

2. 规范要求：

铝板强度应满足规范要求，铝板颜色为仿木纹转印花纹，色差均匀不宜跳色，为保证安装牢固不允许采用胶贴，需采用干挂施工。

3. 工艺要点：

（1）工序：

排板下料→仿木纹铝板制作→运输至现场→吊杆安装→横向龙骨安装→铝板安装→清理。

（2）工艺做法：结合设计特点，采用2mm铝单板利用造型阴角安装角码，采用错位反插合理隐藏阴角拼接缝。

4. 节点详图及实例照片（见图5.2-27、图5.2-28）：

图5.2-27　异形仿木纹铝板吊顶细部　　　　图5.2-28　大堂吧铝板平面排版图

十一、创新技术：独立拆卸式雕板吊顶系统及其安装技术

1. 创新技术名称：独立拆卸式雕花铝板吊顶系统及其安装技术

应用工程：周家渡01-07地块项目

应用单位：中国建筑第八工程局有限公司

2. 关键技术或创新点：

在雕花铝板两端设置与钩挂方向相同的挂钩，因此在拆卸的时候可以单独将一块雕花铝板拆卸下来，而不用将所有铝板一块一块依次拆卸下来，维修便利。见图5.2-29。

独立式拆卸雕花吊顶，短向均为整块，长向根据排版进行分割，单块板块达到1900mm×2100mm，连接方式为铰接方式物理连接，采用固定角码、纵向角钢、横向支撑杆、Z形龙骨等构件进行安装固定，形成井子架，安全稳固。见图5.2-30。

3. 应用范围及效果

此安装方法应用于1号、2号楼大堂顶棚，雕花铝板吊顶大面平整，安装稳固，拼缝顺直，拼接平顺，排布合理，线条挺直，整齐美观。见图5.2-31。

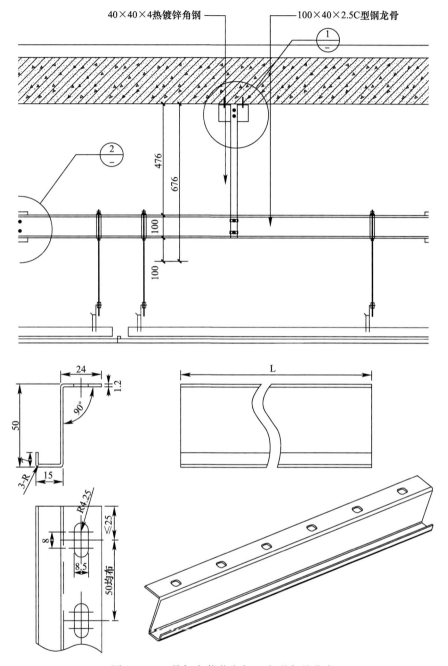

图 5.2-29　骨架安装节点与 Z 字形龙骨节点

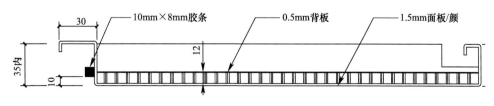

图 5.2-30　铝板加工大样图

图 5.2-31　大堂顶棚

第三节　建筑内墙饰面工程

一、采用挤压成型轻质墙板替代砌体隔墙施工工艺

1. 工艺名称：采用挤压成型轻质墙板替代砌体隔墙施工工艺

应用工程：广西金融广场

应用单位：中国建筑第四工程局有限公司

2. 规范要求：

砌体墙每层垂直度≤5mm，全高垂直度≤10mm，表面平整度≤8mm，水平灰缝平直度≤10mm。

3. 工艺要点：

（1）工序：

拌制粘结胶浆→抹浆→安装→塞脚→微调→填充→收光。

（2）工艺要点：

拌制粘结胶浆：按配方均匀拌和，干湿适中；视安装时湿度情况调节粘结胶浆剂量。与轻质隔墙板相接触的墙、柱等处用1∶3胶水涂刷湿润。

① 抹浆：按墙体净高选用不同长度墙板，将墙板侧立，凹槽向上，用6寸毛刷蘸胶液湿润抹上备制好的粘结胶浆（顶面、凹槽、侧面）。结构上有预留管线处应在墙板上先切割管孔。为防止顶面胶浆掉入孔中，顶端先用泡沫棒堵住墙板上端孔洞。

② 安装：由两人将墙板扶正就位，一人在一侧推挤，准确对线，另一人用撬棒将墙板撬起，边撬边挤使墙板移至线内。使粘结胶浆均匀填充接缝（以挤出浆为宜），一人准备木楔，对准线时撬起墙板后用木楔固定，再用铁锤敲紧。

③ 塞脚：以两个木楔为一组，每块墙板底塞一组，固定墙板时用铁锤在板底两端敲入木楔。

④ 微调：重复检查平整度、垂直度，直至达到要求为止，校正后用刮刀将挤出的胶浆刮平后补齐，再安装下一块墙板，直至整幅墙板安装完毕。

⑤ 填充：24h后清除墙板下垃圾，再采用拌制好的细石混凝土填充缝隙。细石混凝土面应凹进墙板面以内3～5mm，便于墙板底部收光。

⑥ 收光：填充细石混凝土72h后，取出木楔，并在该处填充细石混凝土，再整面收光，做到无八字脚，且保证填充棉密实平直。

4. 节点详图及实例照片（见图5.3-1）：

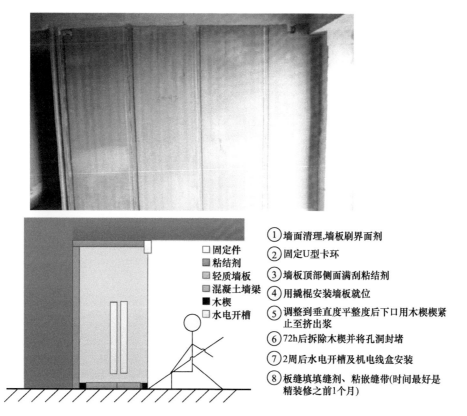

①墙面清理,墙板刷界面剂
②固定U型卡环
③墙板顶部侧面满刮粘结剂
④用撬棍安装墙板就位
⑤调整到垂直度平整度后下口用木楔楔紧止至挤出浆
⑥72h后拆除木楔并将孔洞封堵
⑦2周后水电开槽及机电线盒安装
⑧板缝填填缝剂、粘嵌缝带(时间最好是精装修之前1个月)

图例：
□ 固定件
■ 粘结剂
□ 轻质墙板
□ 混凝土墙梁
■ 木楔
□ 水电开槽

图5.3-1 采用挤压成型轻质墙板替代砌体隔墙施工技术的节点及详图

二、环廊铝方通墙面施工工艺

1. 工艺名称：环廊铝方通墙面施工工艺

应用工程：慈溪大剧院

应用单位：中国建筑第五工程局有限公司

2. 规范要求：

安装牢固、接口严密，无错台错位，美观清晰。

3. 工艺要点：

（1）工序：

弹线、放样→龙骨焊接→挂件安装→铝方通扣挂→成品保护。

（2）工艺做法：

① 弹线、放样：墙面基层处理完毕后，进行分格放样；

② 龙骨焊接：根据排版图进行龙骨下料、焊接牢固。龙骨允许偏差轴线位移：10mm、垂直度：3mm、表面平整度：±4mm，曲面过渡须柔顺、平滑；

③ 挂件安装：采用自攻螺钉将专用挂件固定在龙骨上，挂件须牢固，间距一致；

④ 铝方通扣挂：将铝方通（多种样式随机）依次扣挂在龙骨上；

⑤ 成品保护：安装时禁止撕下保护膜。

4. 节点详图及实例照片（见图 5.3-2、图 5.3-3）：

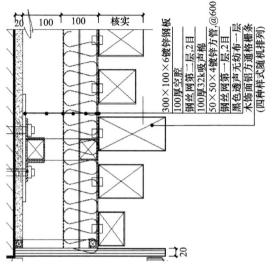

图 5.3-2　环廊铝方通墙面实例图　　　　图 5.3-3　环廊铝方通墙面节点详图

三、大面积背挂式微孔吸声铝板墙面施工工艺

1. 工艺名称：大面积背挂式微孔吸声铝板墙面施工工艺

应用工程：南宁国际会展中心改扩建工程（A 地块）

应用单位：中建八局第二建设有限公司

2. 规范要求：

立面垂直度、表面平整度、阴阳角方正度偏差≤3mm，接缝直线度≤2mm，接缝高低差、相邻板块高差≤1mm。

3. 工艺要点：

（1）工序：

放线→固定骨架的连接件→固定骨架→安装蜂窝板→收口构造处理→检验。

（2）工艺做法：

① 测量放线

用水平仪和标准钢卷尺等引出各层标高线，测量放线应在风力不大于 4 级情况下进行，并要采取避风措施。放线定位后要对控制线定时校核，以确保蜂窝铝板幕墙垂直度和金属竖框位置的正确。

② 立柱的安装

将立柱先与连接件连接，然后连接件再与主体预埋件连接，并进行调整和固定。立柱安装标高偏差不应大于 3mm，轴线前后偏差不应大于 2mm，左右偏差不应大于 3mm。相邻两根立柱安装标高偏差不应大于 3mm，同层立柱的最大标高偏差不应大于 5mm，相邻两根立柱的距离偏差不应大于 2mm。

③ 横梁的安装

调整支座连接螺栓，以确保横梁安装水平度及垂直度，相邻两根横梁的水平标高偏差≯1mm，同层横梁标高差（当一幅幕墙宽度≤35m时）≤5mm，（当一幅幕墙宽度＞35m时）≤7mm。同一层横梁安装应由下而上进行，当安装完一层高度时，应进行检查调整、校正、固定，使其符合质量要求。

④ 微孔吸音铝板安装

按深化设计排板图先在构架上划出固定条的安装位置，用螺钉将固定条固定于骨架上，检查固定条的整体垂直度、平整度和防腐情况，对破损了的防腐涂层补刷防锈漆，根据固定条位置将干挂条在金属背面画出螺栓对应位置，采用拉铆钉牢固固定于板材背面，然后以背挂方式与固定条通过专用干挂螺栓钩挂在一起。板块缝调整均匀一致，并应边安装，边调整垂直度、水平度、接缝宽度以及与临板的高低差，最后检查板件是否固定牢固。

图 5.3-4　大面积背挂式微孔吸音铝板墙面实例图

4. 节点详图及实例照片（见图 5.3-4～图 5.3-6）：

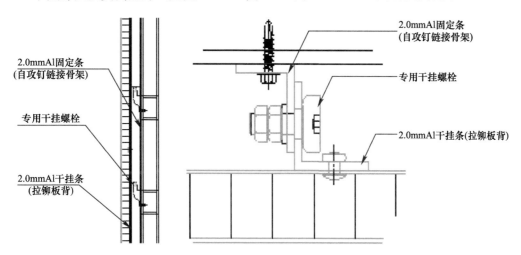

图 5.3-5　背挂节点竖向大样图　　　图 5.3-6　背挂节点横向大样图

四、立柱转角整块石材套割施工工艺

1. 工艺名称：立柱转角整块石材套割施工工艺

应用工程：宜昌市委党校（宜昌市行政学院）迁建工程

应用单位：湖北广盛建设集团有限责任公司

2. 规范要求：

表面平整、洁净、颜色均匀一致。接缝填嵌密实，宽窄一致，无错台错位。突出物周围的板采取整块套割，尺寸准确，边缘吻合整齐、平顺，贴脸等上口平直。

3. 工艺要点：

（1）工序：

石材节点图纸深化→石材表面处理及开槽→测量放线、搭设脚手架→安装钢构件→石材安装→密封填缝→清理。

（2）工艺做法：

① 对柱石材转角处细部节点进行深化，使转角采用整块套割达到节约余料和缩短工期的目的；

② 用石材护理剂进行石材六面体防护处理，根据设计尺寸和图纸要求，将专用模具固定在台钻上，进行石材打孔，孔深为25mm左右，孔径为8～10mm；

③ 先用经纬仪打出大角两个面的竖向控制线再采用钢管扣件搭设双排脚手架；

④ 按设计图纸及石材料钻孔位置在围护结构表面弹好水平线，再打孔、下膨胀螺栓；

⑤ 先按图纸装柱转角整块套割石材再安装底层石材及上行石板并调整固定，最后安装顶部面板；

⑥ 贴防污条、嵌缝；

⑦ 清理大理石、花岗石表面，刷罩面剂。

4. 节点详图及实例照片（见图5.3-7）：

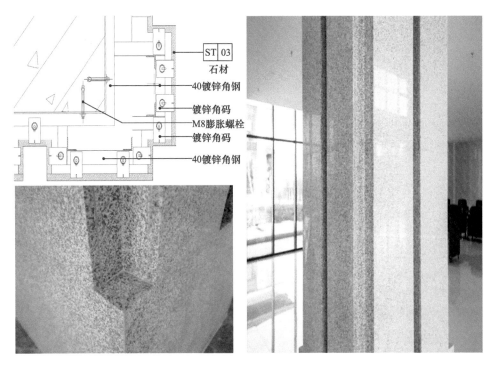

图5.3-7　立柱转角整块石材套割节点详图及实例图

五、卫生间墙身湿贴石材工艺

1. 工艺名称：卫生间墙身湿贴石材工艺

应用工程：杭政储出（2004）2号地块（钱江新城A-11、12地块）

应用单位：浙江省建工集团有限责任公司

2. 规范要求：

石材的品种、规格、颜色和性能符合设计要求，石材的孔、槽的数量、位置和尺寸符合设计要求，石材安装牢固，排布合理。石材表面平整、洁净、色泽一致，无裂痕、缺损现象。

3. 工艺要点：

（1）工序：

基层处理→石材粘贴面清理→基面胶粘剂涂抹→面材铺贴→缝隙处理及表面清洁。

（2）工艺做法：

① 去除作业面上残留的污渍，再将灰尘和垃圾清理干净，清理完成的基层表面应无明水；

② 将石材的粘贴面清理干净；

③ 基面胶粘剂涂抹，并将胶粘剂梳理出饱满无间断且相同朝向的锯齿状条纹；

④ 将背涂好的面材按照条纹对齐条纹的方式铺贴到基面上已经梳理好的胶粘剂上，不要条纹互相交叉；

⑤ 在粘贴过程中及每一块粘贴完成时应将缝隙及面材四边的上边缘多余的胶粘剂擦除干净。在粘贴完毕 24h 内，用批灰刀将缝隙内残余的胶粘剂清除干净。

4. 节点详图及实例照片（见图 5.3-8～图 5.3-12）：

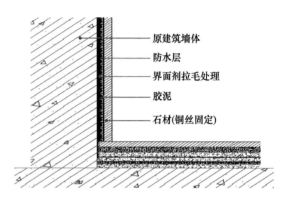

图 5.3-8 节点图

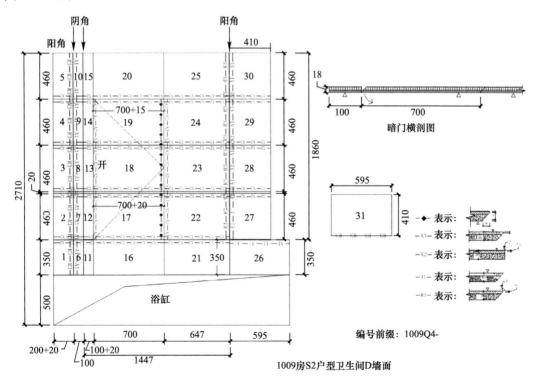

图 5.3-9 卫生间石材排版图（立面）

123

图 5.3-10　石材背面固定铜丝图　　　　图 5.3-11　卫生间墙身湿贴石材实例图

图 5.3-12　卫生间墙身湿贴石材大景图

六、彩色乳胶漆施工工艺

1. 工艺名称：彩色乳胶漆施工工艺

应用工程：广州国际时尚中心项目

应用单位：广东梁亮建筑工程有限公司

2. 规范要求：

水性涂料涂饰工程所用涂料的品种、规格、型号和性能应符合设计要求；水性涂料涂饰工程的颜色、图案应符合设计要求；水性涂料涂饰工程应涂饰均匀、粘结牢固，不得漏涂、透底、起皮和掉粉；分色线允许偏差 1mm。

3. 工艺要点：

（1）工序：

基层处理→第一遍满刮腻子→第二遍满刮腻子→绘制七巧板图案→第一遍涂料→第二遍涂料→第三遍涂料。

（2）工艺做法：

① 基层处理：清理墙面的灰尘、粘附物，检查轻质钉头是否有高出纸面、墙面平整情况，对裂缝及不平整处进行打磨处理。

② 第一遍满刮腻子：所有涂饰部位均应满刮，墙面横刮，顶面与自然光线垂直；尽量刮薄、不得漏刮；接头不得留槎。

③ 第二遍满刮腻子：一遍腻子打磨平整后，所有涂饰部位均满刮第二遍腻子，墙面竖刮，顶面与自然光线平行。

④ 绘制七巧板图案：在磨光的涂料基层上，根据设计要求尺寸，在墙上弹出分隔线，周边用塑料薄膜保护。

⑤ 第一遍涂料：喷枪距喷涂面350～600mm，喷头与喷涂面垂直；喷涂一道紧挨一道，不漏涂，不挂流。

⑥ 第二遍涂料：一遍涂料磨光后，操作方法与第一遍相同，喷涂往复方向与第一次垂直。

⑦ 第三遍涂料：待第二遍涂料干后，用细砂纸将粉尘、溅沫、喷点等轻轻磨掉，并打扫干净，即可刷（喷）交活涂料。交活涂料应比第二遍涂料的量适当增大一点，防止刷、喷涂料的涂层掉粉，这是必须做到和满足的保证项目。

4. 节点详图及实例照片（图5.3-13）：

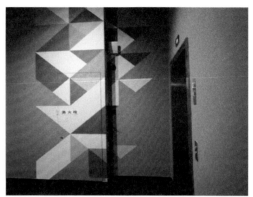

图5.3-13　彩色乳胶漆实例图

七、背景墙石材镂空艺术字体安装工艺

1. 工艺名称：背景墙石材镂空艺术字体安装工艺

应用工程：中国卫星通信大厦

应用单位：中国建筑一局（集团）有限公司

2. 规范要求：

安装牢固，位置准确。

3. 工艺要点：

（1）工序：

支架隐检验收→石材镂空艺术字加工→安装石材背景墙→安装石材镂空艺术字→灯光效果调试→验收→拆除安装石材脚手架。

（2）工艺做法：

① 钢结构主体采用后置埋件（镀锌钢板）及化学药栓固定、而竖向横向龙骨采用矩形镀锌钢管与镀锌角钢焊接基座而成。

② 镂空艺术字体要后置LED灯光、以满足字体透光需求功能。在安装LED灯光位置平台上、预留检修平台通道、背景墙两侧预留检修暗门、方便技术人员进入通道检修。

③ 石材镂空艺术字体加工：采用90mm厚阿曼米黄大花板（特级）石材镂空成字、石材背贴15mm厚松香玉石材、使用3mm厚不锈钢板加工成艺术字体形状、贴在悬空石块位置后背、再用6×60不锈钢螺栓进行加固。

④ 石材镂空艺术字体四周围用∟50×50×5镀锌角钢焊接包框、包框与石材贴面处采

用 AB 胶满粘、每个边贴面处再用 3 支 m8×25 不锈钢背栓进行加固。

⑤ 使用 50mm 宽、16mm 厚镀锌扁钢制作成石材挂件、焊接在镀锌角钢包框上端和下端的两条边上，每条边平均焊接 3 块。

⑥ 石材镂空艺术字体安装：使用电动葫芦和手动葫芦两种吊重工具进行交替使用。把石材字体提升到安装高度位置，再利用手动葫芦工具的缓、稳、准、特点代替电功葫芦工具进行定位安装及精调，以达到安装的最佳效果。

4. 工艺照片及节点详图（见图 5.3-14～图 5.3-16）：

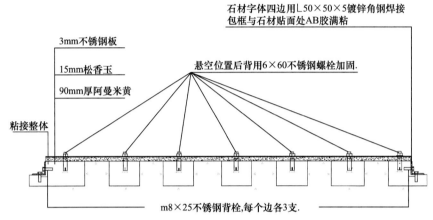

图 5.3-14　艺术字加工断面图

图 5.3-15　艺术字安装

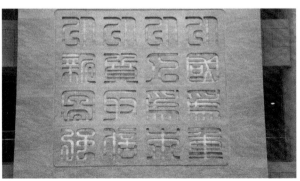

图 5.3-16　安装效果图

126

八、弧形墙面风口施工工艺

1. 工艺名称：弧形墙面风口施工工艺

应用工程：哈尔滨大剧院工程

应用单位：北京市第三建筑工程有限公司

2. 规范要求：

风口与墙面弧度一致。

3. 工艺要点：

（1）工序：

配合确定放样基准线→确定弧形风口投影长度→弧形风口定位放样→工厂加工→风口安装。

（2）工艺方法：

① 确定放样基准线（距曲面墙始端点为 1m，类似工程可根据施工现场实际情况确定）；

② 从曲面墙的始端点向放样基准线做投影，交点为 H，然后以 H 为起点，在放样基准线上从始端向末端进行测量，1.5m 为一个测量单元，并分别编号；

③ 从编号为（1）的风口段开始，在 1.5m 的距离范围内分别作数量相当的垂直于放样基准线的直线（$h_1 \sim h_n$，垂线的数量由弧形的形状及制作的精度决定），此垂线与曲面墙相交，实际测量 h 的长度并连接各点画出弧形风口放样图；

④ 利用现场测出的数据，交由工厂放样加工风口；

⑤ 风口安装。

4. 节点详图及实例照片（见图 5.3-17、图 5.3-18）

图 5.3-17　风口实例图

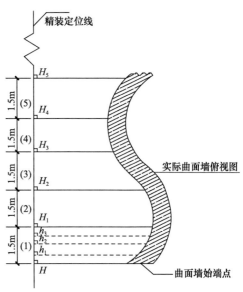

图 5.3-18　风口节点图

九、嵌入式消防箱门施工工艺

1. 工艺名称：嵌入式消防箱门施工工艺

应用工程：慈溪大剧院

应用单位：中国建筑第五工程局有限公司

2. 规范要求：

消防箱门正常开启，门面板与墙面的缝隙一致、对齐，平整度、垂直度符合要求。

3. 工艺要点：

（1）工序：

转动轴埋件→钢支架成型→挂件焊接→防锈防火处理→干挂幻彩混凝土→成品保护。

（2）工艺做法：

① 转动轴埋件：转动轴埋件焊接至主龙骨，焊接须牢固，埋件的标高、位置偏差均不大于10mm；

② 钢支架成型：采用5.0cm×3.0cm方钢，制作钢支架，原材无变形，厚度、尺寸如详图所示；焊缝饱满、平滑，无气孔夹杂等缺陷；

③ 挂件焊接：挂件焊接至钢支架上，分上中下三排，每排两个挂点；

④ 防锈防火处理：所有焊接部位涂刷两道防锈漆，钢支架涂刷防火涂料两遍；

⑤ 干挂幻彩混凝土：保证面板与整体墙面的平整度，缝隙一致，对齐。

4. 节点详图及实例照片（见图5.3-19、图5.3-20）：

图 5.3-19 嵌入式消防箱门实例图

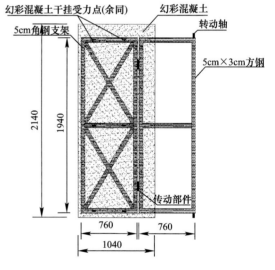
图 5.3-20 嵌入式消防箱门节点详图

十、创新技术：预拌砂浆泵送喷涂墙面抹灰技术

1. 创新技术名称：预拌砂浆泵送喷涂墙面抹灰技术

应用工程：开封海汇中心工程

应用单位：浙江宝业建设集团有限公司

2. 关键技术或创新点：

（1）创新点：传统的墙面砂浆抹灰施工，手工拌制、抹灰，经常会出现空鼓、裂纹、

脱落等质量问题，且采用传统抹灰工艺施工工人劳动强度大。该工程成功研发出新型预拌砂浆泵送喷涂墙面抹灰施工技术，申报获得两项国家实用新型专利，并总结形成了浙江省级工法。

（2）关键技术1：机械选择。

砂浆喷涂设备及其配套设备的选择应根据施工要求确定，内墙喷涂设备宜选择水平输送距离不小于40m，垂直输送距离不小于30m的喷涂设备；外墙喷涂设备宜选择水平输送距离不小于60m，垂直输送距离不小于40m的喷涂设备。砂浆喷涂泵料斗容量不宜小于80L，砂浆喷涂泵工作压力不宜小于2.5MPa，应具有输气开关同步控制砂浆喷涂泵功能，具备调速和正反转功能。振动筛可根据砂浆情况进行拆、装。筛网孔径宜在4~6mm之间。气管内径不宜小于8mm，其额定工作压力与空气压缩机额定排气压力之比值不应小于2。输浆管应耐压耐磨，其额定工作压力与砂浆输送泵额定工作压力之比值不应小于2。输浆管内径应根据流量和喷涂材料颗粒最大粒径确定，宜按表5.3-1选取，单根管长度不应大于13m。施工机具见图5.3-21。

图5.3-21　施工机具
（a）液压式双柱塞砂浆泵；（b）P60砂浆喷涂机

输浆管内径选择　　　　　　　　　　　　　　　　　　　表5.3-1

喷涂流量（L/min）	≤20	20~40	40~60
输浆管内径（mm）	32	32~38	38~51

喷枪宜选择直型喷枪，喷枪上应设置空气流量调节阀，宜选择双气阀控制，枪内输气管距离应可调，喷嘴口径应根据不同材料进行调整，一般宜采用14~16mm。

（3）关键技术2：设备安装。

按照最短砂浆输送距离布置设备。安放砂浆输送设备的场地应坚实平整，泵体应固定牢固，安放应平稳。进料与出料应通畅，输浆管布置要平直，弯道半径不得小于0.5m，管路各段内径规格要相同，布管要尽可能减少接头数量。输浆管接头的连接要严密，不得漏浆滴水。输浆管水平段和垂直段之间的连接角度应大于90°。喷涂时，拖动管道的弯曲半径不得小于1.2m。正式作业前，应对设备进行调试，并用1:1的水泥净浆对管道进行润滑。要根据砂浆流量调整输气量及喷气嘴位置，应使砂浆喷涂平整密实，减少反弹落地灰。

（4）关键技术 3：砂浆配合比控制。

水泥、干燥骨料或粉料、添加剂以及根据性能确定的其他组分，按一定比例，在专业生产厂经计量、混合配置，在施工现场按规定比例加水拌合。砂浆搅拌机配置有自动供水设备、防堵料振动装置等，在下料、搅拌的同时，供水设备自动供水，如需调整供水量，只需调整管道阀门的开启度。砂浆配合比配置应准确，砂浆拌合物的性能指标应符合表 5.3-2 的要求。

机械喷涂抹灰砂浆技术要求   表 5.3-2

项目	入泵砂浆稠度（mm）	保水率（%）	砂浆凝结时间与机喷工艺周期之比
性能指标	80～120	≥90	≥1.5

砂浆原材料需要进行过滤，过滤网筛控边长不应大于 4.75mm。砂浆散装罐应具有防离析、防扬尘措施，连续式搅拌机应能够保证砂浆搅拌均匀。

（5）关键技术 4：砂浆喷涂技术。

砂浆喷涂设备包含振动筛、空压机、输浆管道、输气管道、喷枪、清洗装置等，砂浆喷涂设备及其配套设备的选择应根据施工要求确定，喷涂泵应具有喷涂与输气同步、调速和正反转功能，可起到安全保护的作用。

空气压缩机的工作压力设定为 0.5～0.7MPa，可根据砂浆流量、单次喷涂厚度及喷涂效果要求调节气流量，喷嘴部位形成的喷射压力为 0.3～0.5MPa。

喷涂时，要稳定保持喷枪与作业面的距离与角度，喷射距离与喷射角的大小应按表 5.3-3 选用。工艺操作见图 5.3-22～图 5.3-27。

喷射距离和喷射角   表 5.3-3

工程部位	喷射距离（mm）	喷射角（喷嘴与垂直立面夹角）
吸水性强的墙面	100～350	85°～90°（喷嘴上仰）
吸水性弱的墙面	150～450	60°～70°（喷嘴上仰）
踢脚板以上较低部位墙面	100～300	60°～70°（喷嘴上仰）

图 5.3-22 原材料准备

图 5.3-23 墙体基层处理及交界面处理

图 5.3-24　灰饼制作

图 5.3-25　拌制砂浆，并接入泵送机

图 5.3-26　接管后在一定压力下喷涂

图 5.3-27　抹平和细部处理

3. 应用范围及效果

（1）应用范围

应用于内墙抹灰。

（2）应用效果

① 提升了工程质量品质。砂浆配合比准确，稠度稳定，砂浆的粘结性好。机械喷涂施工，依靠喷枪压力将砂浆射向作业面，砂浆附着力强，均匀性高，从根本上消除了抹灰层空裂的质量通病。

② 机械化程度高，减少了工人的劳动强度，同时提高工效一倍以上，加快了工期。

③ 施工绿色环保。采用预拌干粉砂浆，筒仓储存，砂浆输送密封，无浪费，无环境污染。

十一、创新技术：弧形铝板饰面施工技术

1. 创新技术名称：弧形铝板饰面施工技术

应用工程：苏州中心广场 D 地块 7 号楼工程

应用单位：中亿丰建设集团股份有限公司

2. 关键技术或创新点：

（1）创新点 1：按照现场尺寸，利用铝型材在工厂加工并按照设计要求在铝型材上硬包布料。型材成品进行现场拼装。见图 5.3-28。

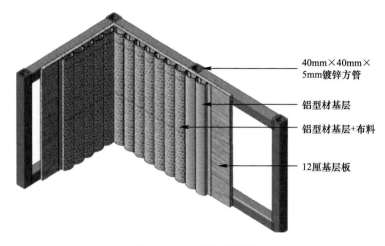

40mm×40mm× 5mm镀锌方管

铝型材基层

铝型材基层+布料

12厘基层板

图 5.3-28　做法效果图

（2）关键技术 1：图纸深化。

根据施工图及现场测量数据，进行铝型材硬包施工图的深化设计，对定位尺寸、钢架位置、材料选型进行明确标注，保证加工尺寸与现场尺寸完全一致。见图 5.3-29。

图 5.3-29　图纸深化

（3）关键技术 2：铝型材加工。

根据设计深化图纸，细化铝型材放样节点。为了保证铝型材能够紧密安装，在型材两侧设置连接插孔。见图 5.3-30。

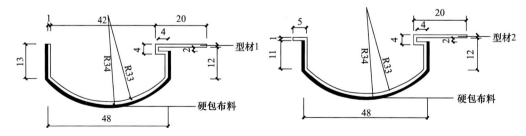

图 5.3-30　铝型材节点尺寸图

确定型材尺寸后进行型材加工、生产，尺寸满足设计要求。

（4）关键技术3：面层布料粘接。

① 按照原图样设计，将面层硬包布料按尺寸裁切。将环保用胶在铝型材表面涂抹均匀，在硬包背面涂抹均匀。

② 表面硬包和铝型材进行胶粘，使得面层布料和铝材结合紧密、牢靠，无起鼓等质量缺陷。

（5）关键技术4：现场安装。

将墙面胶合板按照型材设计位置进行放线，将硬包好的铝型材逐根安装在胶合板上，型材之间通过插槽，保证型材间连接紧密。

3. 应用范围及效果：

主要应用在电视背景墙及其他墙面装饰上。型材加工主要在工厂进行，现场只需要进行简易拼装，现场施工快，节省工期，减少浪费、节约造价。见图5.3-31。

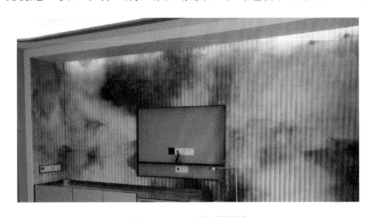

图5.3-31 电视背景墙

十二、创新技术：墙面无机预涂板干挂技术

1. 创新技术名称：墙面无机预涂板干挂技术

应用工程：诸暨市中医医院浣东分院建设项目二期工程

应用单位：浙江展诚建设集团股份有限公司

2. 关键技术或创新点：

（1）根据现场实际情况进行测量放线，并进行电脑排版，避免小规格尺寸出现。

（2）钢骨架安装应确保横梁角钢进出尺寸一致、标高一致（采用红外线激光水平仪），角钢横梁安装前@600钻10×30腰圆孔。

（3）切割60宽长条形花岗岩板并进行拉槽处理，将花岗岩切割成120×60的规格尺寸，清洗花岗岩和抛光砖并晾干，在抛光砖挂件位置粘贴（AB胶）花岗岩板后晾干固化，用不锈钢挂件安装600×1200的抛光砖（安装时采用红外线激光水平仪确保抛光砖进出尺寸一致、标高一致）。

（4）90×30横向木龙骨@600进行钻ϕ10圆孔，所有木龙骨三度防火涂料处理后安装木龙骨，采用红外线激光水平仪进行定位安装，通过角钢横梁上的腰圆孔控制整体龙骨的垂直度。

（5）龙骨安装完毕进行12mm厚防潮石膏板安装，石膏板应竖向排列，用镀锌自攻螺丝将石膏板固定在木龙骨上（拼缝留于龙骨中间）。

（6）根据电脑排板要求定尺采购 6mm 厚无机预涂板（灵活定尺，工厂加工），无机板应竖向排列，板材竖向拼缝应与下部抛光砖的拼缝对应，留缝 5mm（规格尺寸的板宽为1195mm）。在操作台上对无机板背面满涂万能胶，待万能胶基本干燥（手摸不粘为标准）后进行上墙粘贴。

（7）在无机板粘贴牢固后用耐候胶进行打胶收口，打胶前需在拼缝两侧通长粘贴美纹纸，两侧美纹纸间距控制在 6mm 内，打胶完成立即撕去美纹纸，确保胶缝饱满、平直、粗细一致。

3. 应用效果（见图 5.3-32）：

图 5.3-32　墙面无机预涂板干挂实例照片

十三、创新技术：荧光画在潮湿溶洞中的应用技术

1. 创新技术名称：荧光画在潮湿溶洞中的应用技术

应用工程：天河潭景区建设项目

应用单位：中铁五局集团有限公司、中铁七局集团有限公司

2. 关键技术或创新点：

（1）膨胀螺栓的抗拔应满足设计及规范要求；角钢、钢筋、钢丝网等原材料应满足相应的规范要求；防水涂料、透明防水保护涂料施工前应保持基层面清洁干燥。

（2）修整现场岩面。

（3）采用膨胀螺栓将主骨架的角钢固定在岩上。

（4）将副骨架编制并焊接在主骨架上，并在副骨架上采用钢丝网编制网面。

（5）采用水泥砂浆打底初平，将网面与岩石间的缝隙全部填平填满。

（6）待打底水泥砂浆 3～5d 龄期后，去除表面的凝结水，在表面干燥的情况下，涂刷2 遍 JS 防水涂料，2 遍涂料涂刷时间宜间隔 1～2d。

（7）采用 P·O42.5 白水泥加胶粉施工绘图基层，并进行打磨抛光。

（8）专业工匠采用铅笔勾绘图案的轮廓线，调制荧光颜料对相应的区域进行上色 3～8 遍。

（9）采用灯光验证荧光画效果，如果效果满足要求，清洁干燥表面后进行表面 2 层透明防水保护涂料施工。

3. 应用效果（见图5.3-33）：

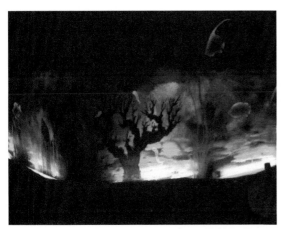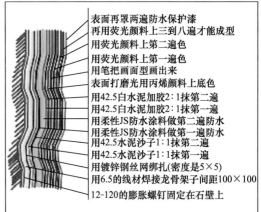

表面再罩两遍防水保护漆
再用荧光颜料上三到八遍才能成型
用荧光颜料上第二遍色
用荧光颜料上第一遍色
用笔把画面型画出来
表面打磨光用丙烯颜料上底色
用42.5白水泥加胶2:1抹第二遍
用42.5白水泥加胶2:1抹第一遍
用柔性JS防水涂料做第二遍防水
用柔性JS防水涂料做第一遍防水
用42.5水泥沙子1:1抹第二遍
用42.5水泥沙子1:1抹第一遍
用镀锌钢丝网绑扎(密度是5×5)
用6.5的线材焊接龙骨架子间距100×100
12-120的膨胀螺钉固定在石壁上

图5.3-33 荧光画在潮湿溶洞中的应用实景图及节点图

第六章　地　面　工　程

一、压花地面施工工艺

1. 工艺名称：压花地面施工工艺

应用工程：哈尔滨万达文化旅游城产业综合体-万达茂

应用单位：中国建筑第二工程局有限公司

2. 规范要求：

表面凹凸有致、颜色均匀、无裂缝。

3. 工艺要点：

（1）工序：

基层处理→混凝土分区模板→混凝土浇筑→表面耐磨硬化剂施工→收光→撒脱膜粉→压花模具压入→养护→拆除模具→面层冲洗→晾干→涂刷封闭剂。

（2）工艺做法：

① 对基层混凝土进行磕毛处理，并洒水湿润，表面无积水，铺设钢筋网。

② 根据功能分区进行分区混凝土浇筑。每次混凝土浇筑面积 10～15m²，钢筋网上留出 2 倍以上的纹理深度的混凝土。水灰比控制≤0.45。

③ 混凝土浇筑振捣后，快速使用刮杠抹平，使用提浆辊进行碾压，再用大木抹子抹平，去除泌水，保持提出混凝土原浆。

④ 撒耐磨硬化剂，每平方米用量 3kg。第一次撒用量的 2/3，充分吸水后用铁抹子将硬化剂压入混凝土内收光，在露出底色处进行剩余硬化剂撒布，再次收光。

⑤ 混凝土初凝前进行压印施工。耐磨剂完全吸水硬化后，在表面撒脱模粉，将选定的压花模具压入混凝土内，保持模具的相交线横平竖直，薄膜覆盖养护。

⑥ 压印 3d 后，使用高压水枪对地坪进行冲洗，根据样板颜色控制冲洗角度和水压，保留 15％～20％脱模粉。晒干后涂刷两遍单组分丙烯酸封闭剂。

4. 节点详图及实例照片（见图 6.1-1～图 6.1-3）：

图 6.1-1　压花地面效果

图 6.1-2　压花用模具

图 6.1-3　地面效果图

二、大面积耐磨地坪跳仓切缝组合施工工艺

1. 工艺名称：大面积耐磨地坪跳仓切缝组合施工工艺

应用工程：华晨宝马汽车有限公司大东工厂第七代新五系建设项目涂装车间、（EEX）总装车间主车间

应用单位：中国建筑第八工程局有限公司、中国建筑第五工程局有限公司、鞍钢建设集团有限公司

2. 规范要求：

地面整体平整度 4mm，色泽均匀，不空不裂，无有害裂缝。

3. 工艺要点：

（1）工序：

确定分仓边线→组合型钢边模支设→传力杆安装→用激光整平机浇筑混凝土→抹镘提浆、播撒耐磨骨料、压光养护→诱导缝切割、拆模进行下一仓浇筑。

（2）工艺做法：

① 槽钢、角钢型钢边模通过大力钳固定，辅助钢筋固定在垫层上。

② 型钢组合边模外倾 2~3cm，安装传力杆后校核标高。

③ 大型激光整平机进行混凝土浇筑振捣，边缘处采用人工收平方式。

④ 初凝后机械抹镘提浆，撒合金耐磨骨料，压光，土工布覆盖、浇水养护 7d 以上。

⑤ 根据 5m×6m 规格，切割诱导缝，拆模进行下一仓浇筑，每仓浇筑尺寸宜控制在 30m×36m（柱距 15m×18m），诱导缝在 24h 以上即可施切，分仓施工缝待 28d 后自然开裂后再进行施切，避免出现双缝。切缝深度为 1/3 地坪厚度，即 8cm。

4. 节点详图及实例照片（见图 6.2-1、图 6.2-2）：

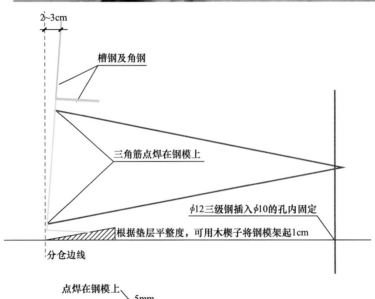

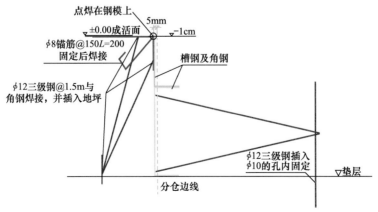

图 6.2-1 变形缝节点做法（一）

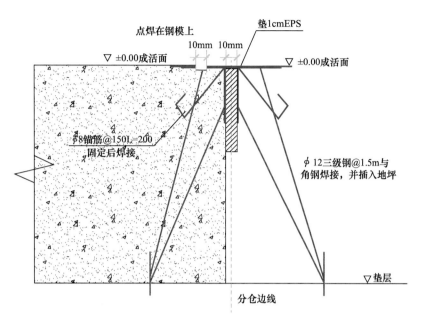

图 6.2-1 变形缝节点做法（二）

图 6.2-2 工程实例

三、耐磨地坪跳仓法施工工艺

1. 工艺名称：耐磨地坪跳仓法施工工艺

应用工程：江苏大剧院

应用单位：中国建筑第八工程局有限公司

2. 规范要求：

整体面层平整，误差小于 4mm，无裂纹、无起砂；硬化耐磨层厚度、强度等级、耐磨性能满足设计要求。

3. 工艺要点：

（1）工序：

基层清理划线分仓→支设模板→浇筑混凝土→浇筑第二层混凝土→拆除模板→切分仓

缝→耐磨材料撒布→振捣收光→养护。

（2）工艺做法：

① 对地面进行仓块划分，仓块按照轴线划分，仓块划分与地面切割分缝大小一致，分仓间距不大于 4.5m，宜 3m。

② 分仓模板采用槽钢支设，槽钢顶为混凝土面标高，槽钢支设时每边应大于分仓缝 2cm。

③ 采用条形填仓法施工。第一次浇筑时以侧模槽钢（排水沟处使用角钢）边口为混凝土面层标高，填仓浇筑时以分仓缝边口为标高点。使用 5m 刮尺跨两边钢模（填仓缝边口）进行一次性刮平，仓块内不进行灰饼布置。

④ 地坪混凝土浇筑时分两层浇筑，先浇筑 5～7cm 厚，浇筑长度 4～5m，刮平放入抗裂钢筋网片，再浇筑面层混凝土，依次向后退浇。

⑤ 一次浇筑仓块强度满足拆模条件后，拆除型钢模板，并弹线切割分仓缝，确保分仓缝顺直，然后填仓浇筑。

⑥ 基层混凝土浇筑刮平后立即撒耐磨粉，用量控制在 5kg/m²，收光时清除接缝处的水泥砂浆。

4. 节点详图及实例照片（见图 6.3-1～图 6.3-3）：

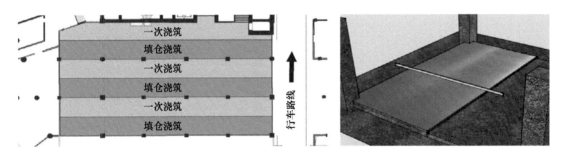

图 6.3-1 跳仓法浇筑及刮平示意图

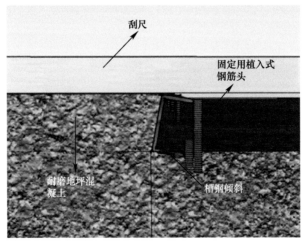

图 6.3-2 槽钢模板支设示意图

图 6.3-3　耐磨地面完成后效果

四、PVC踢脚线铺贴施工工艺

1. 工艺名称：PVC踢脚线铺贴施工工艺

应用工程：内蒙古自治区儿童医院、妇产医院、妇幼保健院外迁合建项目

应用单位：内蒙古兴泰建设集团有限公司

2. 规范要求：

踢脚线上口平直，直线度允许偏差1mm，粘结牢固，接缝平整，与地面圆弧顺直。

3. 工艺要点：

（1）工序：

基层清理→弹线→铝合金收口条安装→涂刷胶粘剂→铺贴PVC地板→收边处理→清理。

（2）工艺做法：

① 地墙相交的墙面处的粘杂物清理干净，影响面层厚度的突出部位剔除平整，墙面与地面交接部位用专用的工具做成圆弧，弧度一致。

② 按图纸设计标高，在墙面弹出踢脚线位置线。

③ 将胶粘剂涂刷于预铺设的基层上，使用齿型刮板涂刮，使用滚筒或毛刷在PVC卷材背面及收边条涂刷胶粘剂。

④ PVC粘贴时用软木块推压平整，排除卷材下面的残余气体，使卷材与基层粘贴密实；PVC上口嵌入铝合金收口条凹槽内，嵌入深度大于2mm，并使用刮板刮平、压实。

⑤ 沿墙长度方向使用φ6mm塑料膨胀螺栓沿弹线位置固定于墙面，上口用专用铝合金收口槽收口条背面点注结构胶。

4. 节点详图及实例照片（见图6.4-1～图6.4-3）：

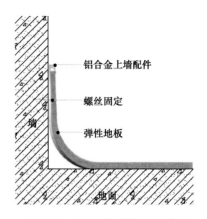

图 6.4-1　PVC踢脚线铺贴效果　　　　图 6.4-2　PVC踢脚线节点详图

铝合金上墙配件

螺丝固定

弹性地板

墙

地面

图 6.4-3　工程实例

五、石材踢脚阴阳角施工工艺

1. 工艺名称：石材踢脚阴阳角施工工艺

应用工程：北京雁栖湖国际会展中心

应用单位：北京建工集团有限责任公司

2. 规范要求：

踢脚线上口平直，阴阳角45°拼缝严密。

3. 工艺要点：

（1）工序：

地面施工→墙面基层清理→DP-LR 砂浆压实抹平→弹线→墙面踢脚板贴面→DTG 砂浆勾缝。

（2）工艺方法：

① 地面石材面层施工完毕后与墙紧密贴实，不留空隙；

② 定制石材踢脚，高度 100mm，厚度 15mm；

③ 清理墙面基层，墙面基层抹 8mm 厚 DP-LR 砂浆找平；

④ 根据地面面层标高线弹踢脚板高度线；

⑤ 粘贴石材踢脚，踢脚压在地面石材上，遇墙面阴阳角处，踢脚接缝处倒 45°角拼接，踢脚出墙厚度 10mm，上口使用腻子涂料收缝；

⑥ 踢脚板阴阳角处拼缝使用 DTG 砂浆擦缝处理。

4. 节点详图及实例照片（见图 6.5-1～图 6.5-3）：

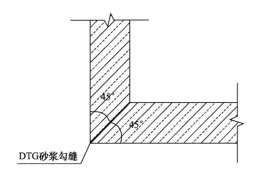

图 6.5-1　踢脚接缝处大样

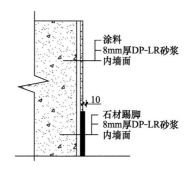

图 6.5-2　踢脚剖面

图 6.5-3　踢脚正面实例

六、机房地面不锈钢踢脚施工工艺

1. 工艺名称：机房地面不锈钢踢脚施工工艺

应用工程：宜兴市文化中心工程

应用单位：北京建工集团有限责任公司

2. 规范要求：

踢脚上口平直，底部与地面交接顺直、清晰。

3. 工艺要点：

（1）工序：

弹线定位→踢脚安装→地面防水腻子刮涂→自粘胶带施工。

（2）工艺方法：

① 在地面上弹踢脚及自粘胶带圈边控制线，踢脚外出墙面 10mm，高 100mm；自粘胶带圈边平面宽度 150mm；

② 用气动打钉枪直接将经过防火、防腐处理的防水基层板钉在踢脚部位，再将不锈钢踢脚线粘贴于防水基层板上，踢脚线下口高于地面 3mm，分段密拼，转角处 45°对拼；

③ 施工前沿自粘胶带圈边线在踢脚线及整体地面粘贴美纹胶带保护；在自粘胶带圈边线处分层（2～3 遍）涂刮 2mm 厚防水腻子；

④ 清理美纹胶带，敷设立面 100mm、平面 150mm（总宽 250mm）黄色自粘胶带。

4. 节点详图及实例照片（见图 6.6-1、图 6.6-2）：

图 6.6-1　不锈钢踢脚做法实例图　　　　图 6.6-2　不锈钢踢脚做法剖面图

七、金属暗藏式踢脚施工工艺

1. 工艺名称：金属暗藏式踢脚施工工艺

应用工程：中国人寿研发中心一期（数据中心）

应用单位：北京国际建设集团有限公司

2. 规范要求：

踢脚出墙面厚度一致，顺直美观。

3. 工艺要点：

（1）工序：

墙面龙骨安装→弹线→石膏板安装→木质基层板安装→安装成品踢脚线。

（2）工艺方法：

① 根据现场实际尺寸量测然后进行弹线，确定石膏板完成面；

② 石膏板安装时，底部与踢脚线标高裁齐并进行刮腻子和涂料施工；

③ 踢脚线芯板安装，用自攻螺丝固定于龙骨之上；

④ 安装成品踢脚线，安装前对木基层进行清理，采用结构胶粘贴牢固，最后油工补平缺口。

4. 节点详图及实例照片（见图 6.7-1、图 6.7-2）：

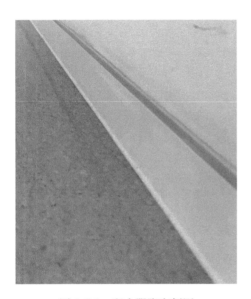

图 6.7-1　室内踢脚实例图

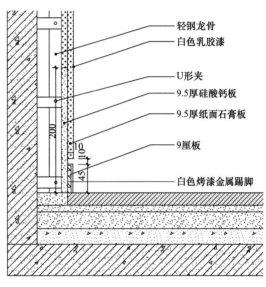

图 6.7-2　室内踢脚剖面图

八、地面伸缩缝施工工艺

1. 工艺名称：地面伸缩缝施工工艺（适用于温差较大地区）

应用工程：哈尔滨大剧院工程

应用单位：北京市第三建筑工程有限公司

2. 规范要求：

伸缩缝设置合理。

3. 工艺要点：

（1）工序：

地面弹切割线→地面及侧面抹灰→安装不锈钢护角条→填充鹅卵石。

（2）工艺方法：

① 以基层伸缩缝为中线两侧各外扩 100mm 弹出地面切割线；

② 用云石机沿线切割至原有地面底部素混凝土垫层处，将槽内混凝土剔除并清理干净；

③ 用水泥砂浆将剔凿破损面及侧面抹平压光；

④ 待修补砂浆干硬后，沿切割线利用耐候胶固定不锈钢护角条（20mm×20mm×

1.5mm)；

⑤ 在槽内填充小粒径鹅卵石并压实，与两侧地面平齐。

4. 节点详图及实例照片（见图 6.8-1、图 6.8-2）：

图 6.8-1　地面伸缩缝

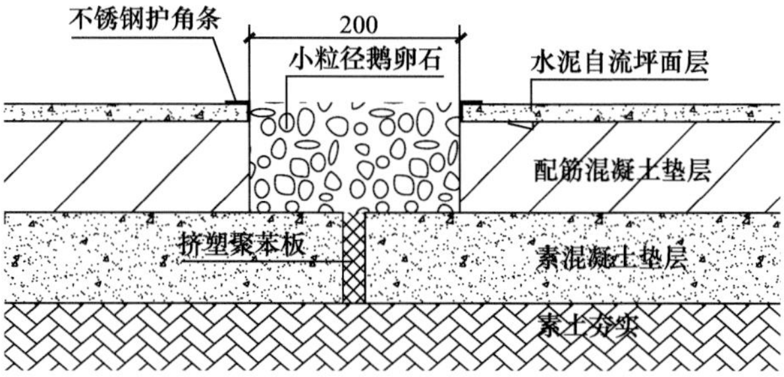

图 6.8-2　地面伸缩缝节点图

九、石材与地毯地面交接施工工艺

1. 工艺名称：石材与地毯地面交接施工工艺

应用工程：中国人寿研发中心一期（数据中心）

应用单位：北京国际建设集团有限公司

2. 规范要求：

石材与地毯交接清晰，顺直美观。

3. 工艺要点：

（1）工序：

石材施工→不锈钢角码安装收口→地毯施工→成品保护。

（2）工艺做法：

① 根据现场实际尺寸量测然后进行石材排板，排板后根据造型铺装石材，分界处应拉通线，保证分界处直线度 1mm 范围之内；

② 石材边收口安装不锈钢角码，厚度为 3mm，高度与石材完成面平齐；

③ 地毯铺装前用专用压条压住地毯一边进行铺装。

4. 节点详图及实例照片（见图 6.9-1、图 6.9-2）：

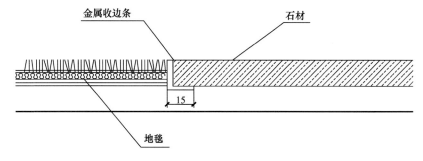

图 6.9-1　石材与地毯地面交接节点剖面图

图 6.9-2　石材与地毯地面交接节点实例图

十、地下室环氧地坪分区施工工艺

1. 工艺名称：地下室环氧地坪分区施工工艺

应用工程：杭政储出（2011）12 号地商业金融用房

应用单位：中天建设集团有限公司总承包

2. 规范要求：

环氧地坪表面平整光洁，耐磨性能良好，色泽均匀，分色清晰，面层表面不应有裂纹、脱皮、麻面等缺陷，涂层厚度符合设计要求。

3. 工艺要点：

（1）工序：

地坪基层处理→环氧底涂→环氧中涂层→环氧腻子层→地坪分区设置→分区完成环氧面涂层。

（2）工艺做法：

① 将基层表面的浮灰、污染物等垃圾清理干净，将有松动、裂缝或脱层的地面，打磨至密实基层，确保基层表面密实、干净。

② 将环氧树脂和固化剂按正确比例混合搅拌均匀，采用刮刀或滚筒施涂的方法进行底涂施工。

③ 待底涂干固后再施涂环氧中涂层。

④ 中涂层干固后，采用打磨，把表面的流挂物、颗粒打磨平整。

⑤ 在洁净的地面上，将环氧树脂和石英粉按正确的配比搅拌均匀，采用批刀均匀镘刮在地面上，以增加中涂与面层之间的结合，并进一步调整地面的平整度。

⑥ 弹线对车道与车位分界处理。

⑦ 分区完成环氧面涂层：车位部分采用亮光自流平地面，车道采用防滑耐磨涂装。

4. 工艺照片及节点详图（见图 6.10-1）：

图 6.10-1　环氧地坪分区效果实例图

十一、地下室混凝土耐磨地坪施工工艺

1. 工艺名称：地下室混凝土耐磨地坪施工工艺

应用工程：杭政储出（2004）2号地块（钱江新城 A-11、12 地块）

应用单位：浙江省建工集团有限责任公司

2. 规范要求：

混凝土面层的允许偏差：表面平整度为 4mm；缝格的平直为：3mm；面层表面不应有裂纹、脱皮、麻面等缺陷。

3. 工艺要点：

（1）工序：

砖砌排水沟→做垫层灰饼（水平墩）→刷素水泥浆一道→浇筑混凝土→机械打磨→找平压光→养护→切割伸缩缝（分格缝）→嵌缝→检查验收。

（2）工艺做法：

① 混凝土面层施工前应对基层进行处理，表面坚固密实、平整、洁净，不得有凹凸不平等现象，且表面应保持湿润，但不得有积水，以利两层结合牢固，防止产生空鼓现象；

② 混凝土面层摊铺刮平后用平板振动器振捣压实，以不冒气泡为准，保证混凝土面层密实度且达到设计强度要求；

③ 混凝土振实压平后必须做好面层的抹平和压光工作，混凝土初凝前应进行二次收面抹平工作；

④ 混凝土面层采用原浆结面，有效地防止了起砂、起灰、龟裂、脱皮等缺陷的发生；

⑤ 混凝土浇筑完成后，应及时浇水养护，在常温下养护不得小于 7d，使其在湿润条件下硬化；

⑥ 混凝土达到一定强度（上人和机械不影响表面效果）后，及时采用切割机切割伸缩缝，伸缩缝间距不大于 4m×4m 或面积不大于 16m²，切割宽度宜为 5～8mm；伸缩缝需用沥青胶泥等柔性材料嵌缝。

4. 工艺照片及节点详图（见图 6.11-1）：

图 6.11-1 大面地坪实例图

十二、环氧超耐磨地面施工工艺

1. 工艺名称：环氧超耐磨地面施工工艺

应用工程：南宁国际会展中心改扩建工程

应用单位：中建八局第二建设有限公司

2. 规范要求：

基层牢固、表面平整度≤2mm，切缝顺直度≤2mm，表面无起砂、空鼓开裂，色泽均匀。

3. 工艺要点：

（1）工序：

基层处理干净→缩缝测量放线→绑扎安装下层双向钢筋网→安装缩缝木板→分仓浇筑 60mm 厚普通混凝土→浇水养护→绑扎安装上层双向冷拔钢丝网→安装缩缝木板→分仓浇筑 40mm 厚细石混凝土→缩缝 1/2 处机械切缝→浇水养护→缩缝密封膏灌缝→细石混凝土表层机械打磨→清理干净打磨面，待干燥→涂刷环氧底涂层→环氧砂浆层→环氧腻子层→环氧自流平层→喷涂超耐磨面漆层。

（2）工艺做法

① 测量放线

按现场实际与规划好的缩缝位置，用钢尺测量按≤6m 在基层混凝土表面弹出每条缩缝墨线。混凝土铺筑标高主要以控制模板上口标高进行控制。

② 钢筋网绑扎

每个缩缝之间的钢筋网需相互断开，钢筋（冷拔钢丝）网中距 200mm×200mm。

③ 缩缝木板安装（可作为分仓模板）

分仓木板采用上宽 25mm 下宽 15mm 倒梯形木板制作，膨胀螺栓@1000mm 打孔固定，用水平仪检测上口高度，与设计高程一致。

④ 铺筑混凝土

混凝土坍落度 100±20mm，混凝土铺筑分仓连续进行，混凝土采用平板振捣密实，表面使用提浆圆盘打磨平顺。

⑤ 地面分缝

下层混凝土终凝后，立即将上宽 25mm 下宽 15mm 倒梯形木板敲起形成缩缝。

⑥ 混凝土面层处理

用打磨吸尘机打毛基面，松散水泥疙瘩，破裂的缝隙及灰浆某附着物清除，并吸干灰尘，有机油有其他污染之基面，必须用化学方法处理干净，同时把裂缝及小坑小洞用环氧砂浆修补平整。潮湿的地方，必须烘干或加防水底涂处理。

⑦ 涂刷环氧底涂层

采用渗透性及附着力强的环氧底漆刮底一道，增强素地对环氧地坪的附着力。

⑧ 环氧砂浆

用环氧树脂加石英砂施工一道，增强地面的耐压，耐冲击性和平整，使地面平整。

⑨ 环氧腻子层

用环氧中涂施工一遍，增强地面的耐压、耐冲击性和平整度。

⑩ 环氧自流平面涂

用环氧自流平镘面一道，使地面防尘，耐磨耐腐蚀，易清洁，完工后整体地面光亮洁净，颜色均一，无气泡无空鼓。

⑪ 超耐磨面漆层

待环氧自流平干透之后再在上面施工超耐磨面漆层，用平刀均匀刮开，用量 0.1kg/m² 左右（再用料润湿过的短毛滚筒横竖滚一道），再用干滚筒带一次，当有滚筒痕迹再用滚筒多带几次。

4. 工艺照片及节点详图（见图 6.12-1、图 6.12-2）

图 6.12-1　超耐磨面漆完成效果实例图

1. 超耐磨地面面层(自上而下)：
(1)滚涂灰色超耐磨面漆
(2)镘涂灰色环氧自流平层
(3)刮涂环氧腻子层
(4)刮涂环氧砂浆层
(5)刮涂环氧底漆层
(6)机械打磨细石混凝土浮浆面

2. 混凝土整体地面(自上而下)：
(1)40mm厚C30细石混凝土内配φ4b@200双向冷拔钢丝网(每6m采用上宽25mm下窄15mm木板留置贯通缩缝，密封膏灌缝，贯通缝间按1/2长宽用混凝土路面切割机切出缩缝)
(2)素水泥浆结合层一遍
(3)60mm厚C30普通混凝土内配φ6.5@200双向钢筋
(每6m采用上宽25mm下窄15mm木板留置贯通缩缝，密封膏灌缝)

3. 2mm厚渗透结晶型水泥基防水涂料+1.5mm厚湿铺法高分子聚合物防水卷材

4. 20mm厚聚合物水泥砂浆，分两次抹面，厚度分别为12mm和8mm

5. 地下室顶板(展厅基层)

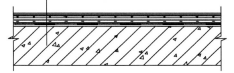

图 6.12-2　节点详图

十三、拼花木地板铺设施工工艺

1. 工艺名称：拼花木地板铺设施工工艺

应用工程：杭政储出（2004）2号地块（钱江新城 A-11、12 地块）

应用单位：浙江省建工集团有限责任公司

2. 规范要求：

木地板的品种、规格、图案清晰、纹理符合设计要求，缝隙宽度均匀一致，面层铺设牢固，无翘曲、松动现象。

3. 工艺要点：

（1）工序：

地面水泥砂浆找平→放线→铺设垫层板 12mm 阻燃板→木地板试拼编号→面层铺设拼花木地板→踢脚线安装。

（2）工艺做法：

① 地面采用 1∶3 水泥砂浆找平；

② 根据现场尺寸放线，间距 300mm 宽地面钻孔，用螺丝固定 12mm 阻燃板（垫层），阻燃板做防腐处理；

③ 12mm 阻燃板上面铺设 2mm 防潮垫；

④ 木试拼编号：木地板在正式铺设前，对房间内的每块木地板按图案、颜色、纹理试拼；

⑤ 铺设拼花木地板，凹槽位置用 30mm 长直钉固定到垫层板上，木地板四周用免钉胶固定；

⑥ 木地板收口处用不锈钢条封边，地板在压条内应留 10mm 空隙，木地板与相邻楼地面高度一致；

⑦ 踢脚线安装，固定牢固。

4. 工艺照片及节点详图（见图 6.13-1～图 6.13-3）：

图 6.13-1　木地板铺设实例图

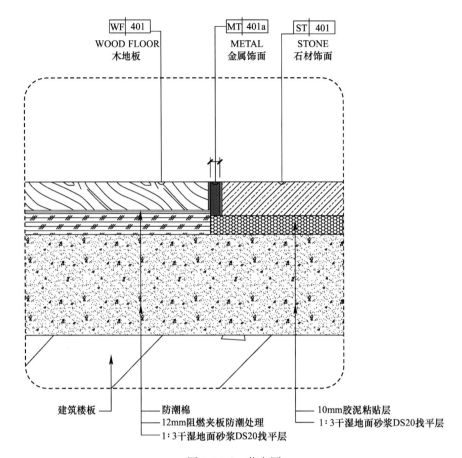

図 6.13-2 节点图

图 6.13-3 木地板大景照片

十四、卫生间整体地漏施工工艺

1. 工艺名称：卫生间整体地漏施工工艺

应用工程：平湖市公安局业务技术用房工程

应用单位：中元建设集团股份有限公司

2. 规范要求：

地漏周边排水坡度符合设计要求，地漏安装牢固，排水通畅，无积水。

3. 工艺要点：

（1）工序：

锥状石材套圈加工→下水管安装与防水处理→锥状石材套圈与地砖铺贴→安装地漏→排水试验。

（2）工艺做法：

① 锥状石材套圈加工，套圈外径150mm，内径90～114mm，加工成台阶形喇叭口。地漏安装完成后，形成上口带圆弧形倒角（$R=7mm$）的类似于倒圆台形（上口内径 $D_1=114mm$，下口内径 $D_2=100mm$，深 $H=7mm$）的临时储水口，可防止水流外溢。

② 下水管定位安装与防水处理，安装时确保各连接件不渗、不漏，排水畅通。安装完毕后清理管道四周混凝土，板底支模，浇水湿润，浇筑微膨胀细石混凝土，抹平，地面防水处理。

③ 锥状石材套圈与地砖铺贴，铺贴前先运用BIM技术进行精细化排砖，地漏均设置于地砖中心，地砖向地漏中心找坡1％～2％。

④ 地漏安装时上表面应与圆弧形倒角下口衔接平顺，不松动。

⑤ 排水试验，正常水流下地漏聚水性好、排水畅通、无积水。

4. 工艺照片及节点详图（见图6.14-1～图6.14-4）：

图6.14-1 水刀切割加工图

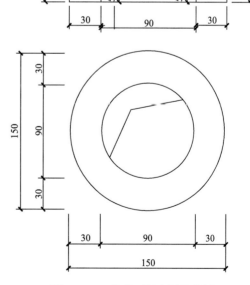

图6.14-2 锥状石材套圈节点图

图 6.14-3　水刀切割加工图　　　　　　　　　　图 6.14-4　实景图

十五、数据中心机房地面保温层加装镀锌钢板施工工艺

1. 工艺名称：数据中心机房地面保温层加装镀锌钢板施工工艺

应用工程：武汉建工科技中心

应用单位：武汉建工集团股份有限公司

2. 规范要求：

活动地板下的地面和四壁装饰应采用不起尘、不易积灰、易于清洁的材料，楼板或地面应采取保温防潮措施。

3. 工艺要点：

（1）工序：

绘制镀锌钢板平面定位图纸→在图纸对镀锌钢板进行编号→标注镀锌钢板支架开孔位置→镀锌钢板开孔→镀锌钢板敷设。

（2）工艺做法

① 根据现场抗静电地板竖向支架位置及镀锌钢板规格（1250mm×2450mm×2mm），绘制镀锌钢板平面定位图纸及支架开孔位置，同时在图纸上做好编号；

② 在加工厂内按照图纸标注的支架位置对镀锌钢板进行冲孔，并在镀锌钢板上做好对应编号；

③ 按照图纸及镀锌钢板编号现场安装镀锌钢板，两块镀锌钢板间重叠部分宽度为50mm；

④ 使用铆钉对钢板连接处进行铆接，铆接点位于地板支架中间位置，间隔600mm进行铆接。

4. 工艺照片及节点详图（图6.15-1～图6.15-3）：

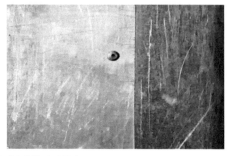

图 6.15-1　镀锌钢板连接实例图

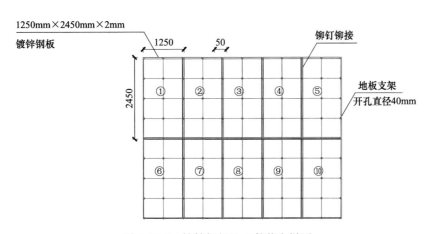

图 6.15-2　镀锌钢板地面敷装大样图

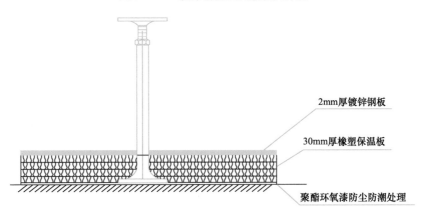

图 6.15-3　数据中心机房地面处理大样图

十六、圆弧走廊地砖铺贴施工工艺

1. 工艺名称：圆弧走廊地砖铺贴施工工艺

应用工程：浐灞金融文化中心

应用单位：陕西建工集团有限公司

2. 规范要求：

粘贴牢固、接缝平整顺直、无色差、排砖合理、分隔美观。

3. 工艺要点：

（1）工序：

现场测量实际尺寸→计算机排板→放样裁砖→铺砖→养护。

（2）工艺做法：

① 现场测量实际尺寸，为计算机排板提供精确数据；

② 计算机排板；

③ 对弧形（圆形）走廊，为确保走廊内地砖铺贴弧度过渡自然，应采用三角楔形分隔方式进行过渡，楔形数量应按照圆弧的对称分隔，一般为 4 处或 8 处；

④ 按照排板分割原位地面放样，按照放样尺寸精确加工楔形地砖并编号；

⑤ 现场铺贴沿中心线对称铺贴，平整度、接缝高差逐一检查验收；

⑥ 铺完砖 24h 后，洒水养护，时间不应少于 7d。

4. 工艺照片及节点详图（见图 6.16-1）：

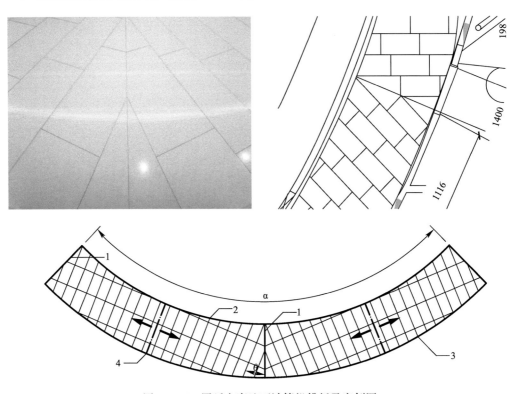

图 6.16-1 圆弧走廊地面计算机排板及实例图
1—主接缝；2—走廊内弧；3—走廊外弧；4—内外弧中点连线

十七、机房地面导水槽施工工艺

1. 工艺名称：机房地面导水槽施工工艺

应用工程：哈尔滨大剧院工程

　　　　　宜兴市文化中心工程

　　　　　乡宁县新医院建设工程

　　　　　天津空港国际生物医学康复治疗中心医疗综合楼项目

应用单位：北京建工集团有限责任公司

　　　　　北京市第三建筑工程有限公司

　　　　　山西二建集团有限公司

　　　　　天津住宅集团建设工程总承包有限公司

2. 规范要求：

导流槽设置合理，坡面正确，导水通畅。

3. 工艺要点：

（1）工序：

地面自流平→切割导水槽→导水槽侧面抹灰→导流槽内自流平→罩面漆→油漆→周圈分色漆。

（2）工艺方法：

① 设备基础周圈地面自流平施工完毕后，在距离设备基础150mm处弹出导水槽位置线，并沿线切割出导水槽，槽深80mm，槽宽100mm；

② 导水槽侧面水泥砂浆抹平压光；

③ 导水槽底部抹灰找坡（0.5%）处理后，水泥自流坪及罩面漆施工；

④ 槽内、槽边及设备基础分色漆涂刷。

4. 节点详图及实例照片（见图6.17-1～图6.17-7）：

图6.17-1　导水槽1

图6.17-2　导水槽2

图6.17-3　导流槽3

图6.17-4　导流槽4

图6.17-5　导流槽5

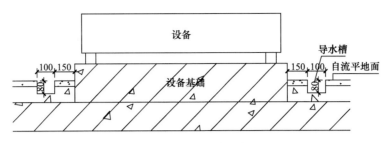

图 6.17-6　导流槽节点图

预留基础泄水孔

图 6.17-7　工程实例

十八、设备基础 PVC 导流槽施工工艺

1. 工艺名称：设备基础 PVC 导流槽施工工艺

应用工程：和田市北京医院建设工程

中铁三局集团科技研发中心

应用单位：北京建工四建工程建设有限公司

中铁三局集团建筑安装工程有限公司

2. 规范要求：

导流槽位置正确，导水通畅。

3. 工艺要点：

（1）工序：

弹线定位→预留凹槽→凹槽处理→PVC导流槽安装。

（2）工艺方法：

① 设备机房应提前进行二次深化设计，确定设备基础及四周排水沟、导流槽的位置、做法；

② 垫层施工时，按照深化设计图纸预留导流槽，导流槽坡度1‰~2‰，预留深度按最深处考虑，宽度同PVC管外径；

③ 采用防水砂浆对预留凹槽进行处理，保证凹槽顺直；

④ PVC管根据坡度截裁，采用粘结砂浆压入预留凹槽内，导流槽上口边用勾缝剂填抹平直。

4.节点详图及实例照片（见图6.18-1、图6.18-2）：

图6.18-1 设备基础PVC导流槽实例图

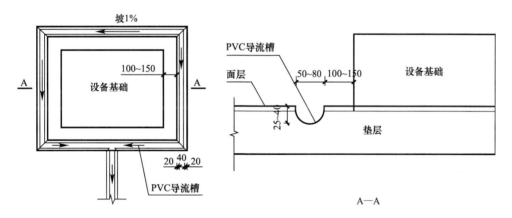

图6.18-2 设备基础PVC导流槽细部节点做法

十九、玻璃钢排水盖板施工工艺

1.工艺名称：玻璃钢排水盖板施工工艺

应用工程：宜兴市文化中心工程

应用单位：北京建工集团有限责任公司

2.规范要求：

盖板平整、顺直，与地面交接清晰。

3.工艺要点：

（1）工序：

弹线定位→镀锌角钢固定→安装玻璃钢排水盖板→耐水腻子刮涂→黑色地坪漆滚涂。

（2）工艺方法：

① 在排水沟上口弹排水盖板、角钢、翻边位置线，角钢与盖板间隙 5mm，翻边宽 20mm；

② 将角钢与预埋的 $\phi 6$ 短钢筋头进行点焊固定，间距 800mm，调整角钢标高，保证其上部与地面标高相一致，焊接处做防锈及补漆处理，如角钢与结构留有缝隙，用防水砂浆填塞密实；

③ 铺设排水沟盖板，盖板与镀锌角钢间留 5mm 空隙；

④ 沿翻边位置线在地面上粘贴美纹胶带，刮涂耐水腻子，滚涂黑色地坪漆进行地面分色。

4. 节点详图及实例照片（见图 6.19-1、图 6.19-2）：

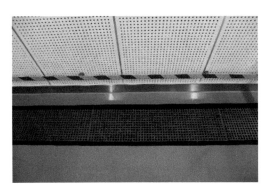

图 6.19-1　玻璃钢排水盖板实例图

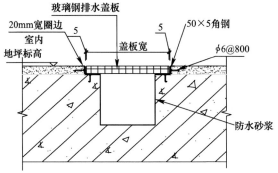

图 6.19-2　玻璃钢排水盖板做法剖面图

二十、设备基础导流槽施工工艺

1. 工艺名称：设备基础导流槽施工工艺

应用工程：益民大厦

应用单位：中建三局集团有限公司；新疆城建（集团）股份有限公司

2. 规范要求：

沟槽顺直，排水通畅。

3. 工艺要点：

（1）工序

浇筑混凝土地面→压嵌导流槽（初凝前）→取出导流槽内木方→修补棱角，贴阳角护条→水泥砂浆找坡→刷环氧地坪漆→成品保护。

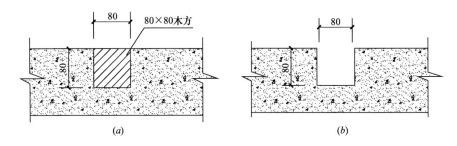

图 6.20-1　操作工艺（一）

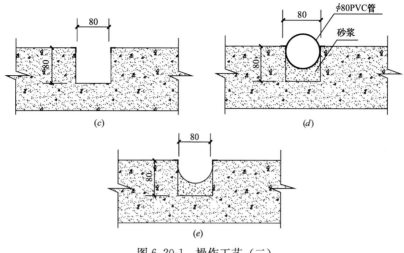

图 6.20-1 操作工艺（二）

（2）工艺做法

① 在距离设备基础 100mm 处、混凝土地面初凝前嵌入 80×80 木方，木方顶部与地面表面平齐；

② 及时取出嵌入木方，形成 80×80 凹槽；采用水泥砂浆修补棱角缺陷，并粘贴阳角条，保证导流槽顺直；

③ 成型的方槽内铺设水泥砂浆，采用 φ80PVC 管压实压光，使沟底成圆弧形；在压实的同时控制槽内坡度不小于 0.5%（坡向地漏）；

④ 地面干燥后，施工环氧地面，大面采用绿色，导流槽内采用黄色；

⑤ 距离导流槽边 50mm，涂刷 50mm 宽色带（颜色同导流槽）。

4. 工艺照片及节点详图（见图 6.20-2～图 6.20-4）

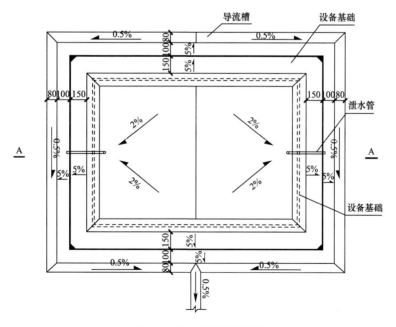

图 6.20-2 导流槽平面图

161

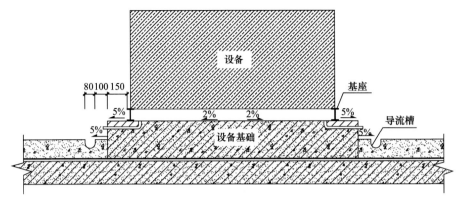

图 6.20-3　A-A 剖面

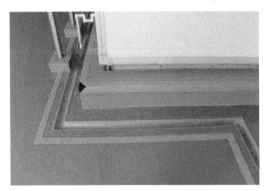

图 6.20-4　设备基础导流槽实例图

二十一、设备房有组织排水沟设置施工工艺

1. 工艺名称：设备房有组织排水沟设置施工工艺

应用工程：长沙福天兴业综合楼

应用单位：湖南青竹湖城乡建设有限公司

2. 规范要求：

设备房内排水沟设置合理，排水顺畅。

3. 工艺要点：

（1）工序：

测量放线→土方开挖→垫层→砌筑排水沟→抹灰→盖板安装。

（2）工艺做法：

① 根据现场实际尺寸测量确定排水沟位置；

② 土方开挖过程中，要注意轴线、深度，两人同时在同一段施工时不能面对进行，以避免撞伤，应背向施工并保持一定距离，在每段相接处尤其重要。沟槽土方开挖后，质检人员要认真对基槽进行复测；

③ 垫层混凝土施工一定要保证其质量，一定要保证其密实度，采用平板振动器至少振 3～5 遍方可；

④ 砌筑排水沟要顺直，灰缝饱满，控制好标高；

⑤ 水泥砂浆抹灰平整光滑；

⑥ 安装沟盖板平直与地面无高差；

4. 工艺照片及节点详图（见图6.21-1）：

图6.21-1 设备房有组织排水沟设置实例图

二十二、椭圆形混凝土支墩施工工艺

1. 工艺名称：椭圆形混凝土支墩施工工艺

应用工程：重庆江北国际机场东航站区及第三跑道建设工程新建T3A航站楼及综合交通枢纽

应用单位：中国建筑第八工程局有限公司

重庆建工集团股份有限公司

2. 规范要求：

支架根部应进行有效保护。

3. 工艺要点：

（1）工序：

支墩形式策划→加工模具→混凝土浇捣→面漆涂刷。

（2）工艺做法：

① 根据支架间距/大小，尽量保持支墩型式一致；

② 根据支墩形式采用薄钢板加工模具，模具应为开片式螺栓固定形式，便于拆装；

③ 混凝土浇捣密实，表面一次收抹压光；

④ 结合地面颜色，表面涂刷处理。

4. 节点照片及节点详图（见图6.22-1、图6.22-2）：

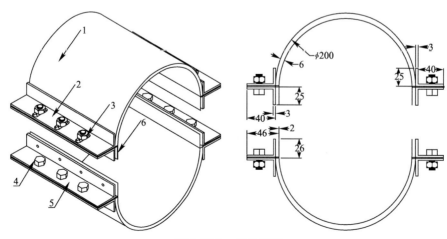

图6.22-1 模具详图

图 6.22-2　椭圆形混凝土支墩实物图

二十三、预制楼梯滴水线做法施工工艺

1. 工艺名称：预制楼梯滴水线做法施工工艺

应用工程：武汉建工科技中心

应用单位：武汉建工集团股份有限公司

2. 规范要求：

装配式结构应重视构件连接节点的选型和设计。连接节点的选型和设计应注重概念设计，满足耐久性要求。并通过合理的连接节点与构造，保证构件的连续性和结构的整体稳定性，使整个结构具有必要的承载能力、刚性和延性。装配式结构的节点和连接应同时满足使用和施工阶段的承载力、稳定性和变形的要求。

3. 工艺要点：

（1）工序：

预制楼梯安装完成→PVC 地胶铺贴→测量放线→水泥纤维板射钉固定→不锈钢饰面粘接固定→建筑胶收口收边→乳胶漆收口收边→质量验收。

（2）工序要点：

① 预制楼梯安装并灌浆完成后，按设计要求进行 PVC 地胶铺贴；

② 针对踢脚、梯井挡水进行测量放线，确定踢脚高度、挡水宽度；

③ 采用 9mm 厚水泥纤维板作为基层板，用射钉固定于墙体和梯段；

④ 不锈钢按测量放线尺寸进行加工，预制楼梯成型尺寸一致，不锈钢可整段加工成型；

⑤ 加工完成的不锈钢饰面采用环氧树脂胶与水泥纤维基层板粘结固定；

⑥ 踢脚线与梯段缝隙采用建筑胶封闭处理，以平口胶为宜；

⑦ 梯井挡水外凸侧面结构 2mm，预留腻子层和乳胶漆面层厚度；

⑧ 乳胶漆施工，与不锈钢交接处收边收口。

4. 工艺照片及节点详图（见图 6.23-1～图 6.23-3）：

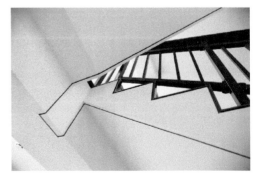

图 6.23-1　预制楼梯滴水线做法实例图

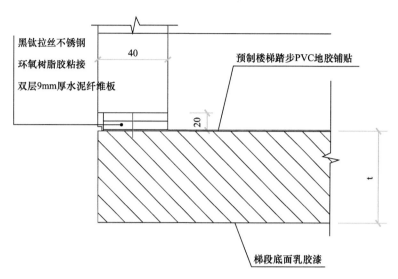

图 6.23-2　预制梯段梯井挡水节点大样图

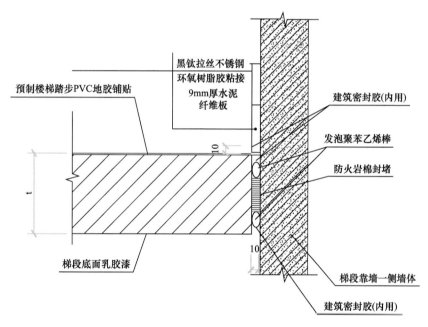

图 6.23-3　预制梯段与一侧墙体缝隙封堵及踢脚节点大样图

二十四、室外楼梯有组织内排水施工工艺

1. 工艺名称：室外楼梯有组织内排水施工工艺

应用工程：宜昌市委党校（宜昌市行政学院）迁建工程

应用单位：湖北广盛建设集团有限责任公司

2. 规范要求：

室外阶梯无积水、空鼓、色差现象，接缝高度一致、宽窄均匀，形成有组织的排水体系。

3. 工艺要点：

（1）工序：

基层处理→弹线→试排→刷水泥浆及铺砂浆结合层→铺花岗石板块→灌缝、擦缝。

（2）工艺做法：

① 检查基层有无空鼓现象，并将杂物清理干净；

② 根据现场实际尺寸弹线确保台阶方正，以防台阶地面石材铺贴时，边角部位出现斜条块，踏步向内找坡（坡度1‰）；

③ 在两个垂直方向铺两条干砂带，宽度大于板块宽度，厚度3cm以上，结合施工大样图及实际尺寸，把大理石（花岗石）板块排好，检查板块之间的缝隙；

④ 将干砂和板块移开，清扫干净，用喷壶洒水润湿，刷一层素水泥浆（水灰比为0.5）。拉十字控制线（鱼线），用1:3的干硬性水泥砂浆铺找平层，厚度控制在放上大理石（花岗石）板块时高出面层水平线3～4mm；

⑤ 依据试排的缝隙（一般为1mm以内），在十字控制线交点开始铺砌。在板材背面满刮一层水泥素浆（1:0.5），再铺板块安放时四角同时往下落，用橡皮锤或木锤轻击板材上的木垫板，根据水平线用靠尺找平，铺完第一块，向两侧和后退方向顺序铺砌；

⑥ 在板块铺砌后1～2昼夜进行灌浆擦缝。根据大理石（花岗石）颜色，选择相同颜色矿物颜料和水泥拌合均匀，调成1:1稀水泥浆，用浆壶徐徐灌入板块之间的缝隙中（可分几次进行），并用长把刮板把流出的水泥浆刮向缝与板面擦平，同时将板面上水泥浆擦净，使大理石（花岗石）面层的表面洁净，以上工序完成后，对面层加以覆盖保护，养护时间7d。

4. 节点详图及实例照片（见图6.24-1～图6.24-4）：

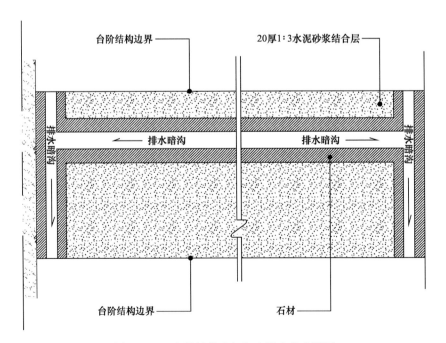

图 6.24-1　室外楼梯有组织内排水节点详图

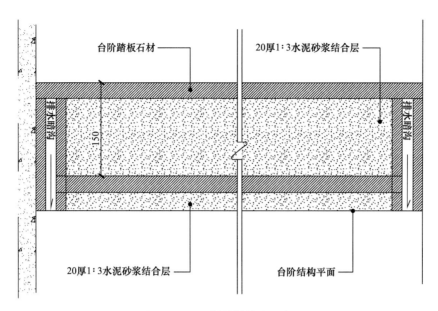

台阶踏板石材

20厚1:3水泥砂浆结合层

排水暗沟

150

排水暗沟

20厚1:3水泥砂浆结合层

台阶结构平面

图 6.24-2 石材楼梯构造示意图

图 6.24-3 室外楼梯有组织内排水实例图

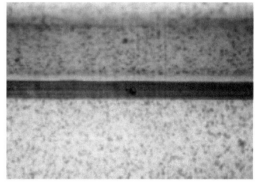

图 6.24-4 石材楼梯实例图

二十五、创新技术：网络地板安装施工工艺

1. 创新技术名称：网络地板安装施工工艺

应用工程：巨海城八区南区综合楼（6号办公楼）

应用单位：内蒙古巨华集团大华建筑安装有限公司

2. 关键技术或创新点：

本成果为内蒙古自治区省级施工工法。关键技术鉴定为国内领先。

（1）网络地板施工前应先清理混凝土或砂浆地面，并清理干净基层上浮灰等杂物，其次，将准备安装的网络地板擦拭干净。

（2）先复核房间面积，根据测量数据进行电脑排版。见图 6.25-1。

（3）安装网络地板：按排版图要求，在基层上弹出版基准线，安装网络地板，按排版图要求，在基层上弹出版基准线，安装网络地板支架，转动支架螺杆，调整支架高度达到设定的标高，用水平尺调整每个支架的高度至全室等高。地板放置后再用水平尺抄平，通过对支架进行微调，确保板面在同一标高上，用螺丝把地板四角锁定在支架上。见

167

图 6.25-2。

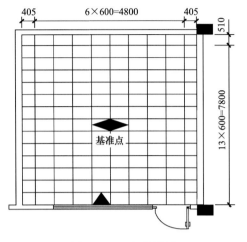

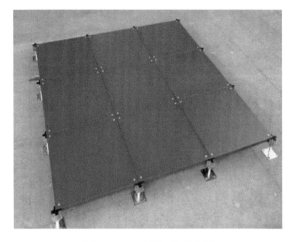

图 6.25-1　电脑排版　　　　　　　　　图 6.25-2　网络无可反驳

（4）防静电接地做法：地面弹方格网线，安装金属屏蔽网（采用10mm宽铜皮）与网络地板金属支架压接，形成如下图，然后按多点与固定在机房内四周的铜铜带连接与房间接地铜排相连，组成一个完整的屏蔽系统，具有接地、抗静电、抗干扰的作用。见图 6.25-3、图 6.25-4。

图 6.25-3　金属屏蔽网　　　　　　　图 6.25-4　金属屏蔽网与支架压接

（5）地毯铺贴：网络地板安装验收合格，所有线路布设完成后，清理干净，可开始铺设方块地毯，施工的方法与一般地面相同。

3.应用范围及效果

通过架空网络地板，有效的解决了办公座位灵活布置与网络布线的矛盾，使得用户可自行调整出线位置，有利于综合布线，方便维修检查，体现了现代化办公的理念。见图 6.25-5。

图 6.25-5　网络地板铺设安装完成后效果

第七章 细 部 工 程

一、墙面 U 形不锈钢装饰条安装工艺

1. 工艺名称：墙面 U 形不锈钢装饰条安装工艺

应用工程：商业、酒店、办公及配套（王府井国际品牌中心建设项目）

应用单位：北京城建集团有限责任公司

2. 规范要求：

安装牢固，凸出墙面厚度一致，打胶密封严密，整齐。

3. 工艺要点：

（1）工序：

弹线—挂耐碱玻纤网格布→安装木基层→抹灰—安装不锈钢扣条→刮腻子→涂料→打胶。

（2）工艺做法：

① 砌块砌体与混凝土墙交接处，铺设宽度不小于 300mm 的耐碱玻纤网格布，表面不皱折，表面平整。

② 安装 10mm 厚度的木基层，自攻钉固定。

③ 墙面清理干净，均匀润透，抹 8mm 厚抹灰砂浆，严格控制抹灰厚度，防止一次抹灰过厚。

④ 安装不锈钢装饰条，用粘接剂粘接在木基层上，保证粘接充实，两块衔接处吻合，无错台。

⑤ 墙面刮耐水腻子，打磨后涂刷白色涂料。

⑥ 不锈钢条两侧打白色玻璃胶收口，宽度均匀、平整。

4. 工艺照片及节点详图（见图 7.1-1）：

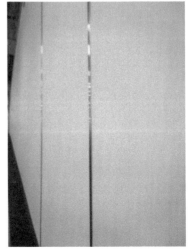

图 7.1-1 装饰条安装效果

二、楼梯滴水线抹灰成型工艺

1. 工艺名称：楼梯滴水线抹灰成型工艺

应用工程：巨海城八区南区综合楼（6 号办公楼）

应用单位：内蒙古巨华集团大华建筑安装有限公司

2. 规范要求：

滴水线应粘结牢固，无空鼓开裂、整齐顺直，宽度和深度不小于 10mm。

3. 工艺要点：

（1）工序：

基面清理→弹线→粘贴滴水槽→夹尺板→抹灰→压光→镏角→修整养护。

（2）工艺做法：

① 基层处理：将残存的砂浆、污垢、灰尘清扫干净，用水润湿，"甩毛"或"凿毛"。

② 弹线：沿楼梯梯板弹墨线或拉通线控制。

③ 粘贴滴水槽：用事先弹好的线粘贴滴水线槽，并且交圈，然后完成侧面及滴水线抹灰，形成滴水线。

④ 拆下尺板后，再将滴水线压光、镏直，保证观感质量。

4. 工艺照片及节点详图（见图 7.2-1、图 7.2-2）：

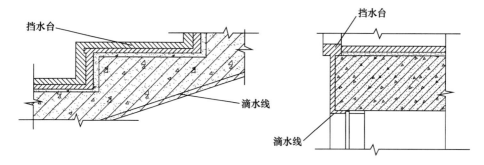

图 7.2-1　楼梯踢步挡水与滴水

图 7.2-2　工程实例

三、有水房间木门及门套防潮施工工艺

1. 工艺名称：有水房间木门及门套防潮施工工艺

应用工程：湘西武陵山文化产业园Ⅰ标非物质文化遗产展览综合大楼

应用单位：湖南建工集团有限公司

2. 规范要求：

在卫生间、地下室等湿度比较大的房间，木质门套及门扇禁止直接接触地面，避免受潮变形；若门套等需要锯部件下口，锯后断面一定要涂刷防水渗透剂，防止潮气浸入。

3. 工艺要点：

（1）工序：

弹线定位→不锈钢门套安装→门扇包饰不锈钢→门扇安装→五金安装。

（2）工艺做法：

① 根据洞口实际尺寸下料；

② 安装不锈钢门套，并复核安装的垂直度；

③ 木门扇底部300mm高包饰不锈钢板，不锈钢板与上部木饰面齐平，宜在工厂一次成型；

④ 木门扇应油漆到位，合页位置及数量应正确，五金安装牢固。

4. 工艺照片及节点详图（见图7.3-1、图7.3-2）：

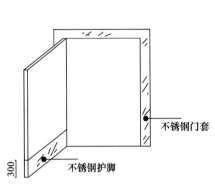

图 7.3-1　木门及门套防潮剖面图　　　图 7.3-2　木门及门套防潮实例图

四、卫生间门框不锈钢防潮板安装工艺

1. 工艺名称：卫生间门框不锈钢防潮板安装工艺

应用工程：中铁三局集团科技研发中心

应用单位：中铁三局集团建筑安装工程有限公司

2. 规范要求：

卫生间门防潮、易于清理，耐久效果好。

3. 工艺要点：

（1）工序：

标注水平线→制作不锈钢防潮板→门框处理→粘接不锈钢防潮板→打胶。

（2）主要工艺：

① 用红外线水准仪在门框处做好180mm水平控制线。

② 按照门框截面尺寸制作高度为180mm的不锈钢防潮板。

③ 安装防潮板位置的门框拉毛处理。

④ 采用胶粘法将防潮板固定在门框底。

⑤ 门框与防潮板间的缝隙进行打胶密封。

4. 工艺照片及节点详图（见图7.4-1）：

图7.4-1　工程实例

五、无机纤维PVC护角施工工艺

1. 工艺名称：无机纤维PVC护角施工工艺

应用工程：宜兴市文化中心工程

应用单位：北京建工集团有限责任公司

2. 规范要求：

护角粘接牢固、顺直。

3. 工艺要点：

（1）工序：

弹线定位→胶粘剂喷涂→PVC护角施工。

（2）工艺方法：

① 已完成无机纤维喷涂工作，对压板整形后的梁柱阳角无机纤维喷涂层表面，弹出PVC护角条位置线；

② 采用喷枪对结构梁柱部位进行胶粘剂面涂层施工；

③ 面涂层施工后，根据护角位置线，立即在阳角部位粘贴25×25PVC护角条，确保面涂层阳角顺直、粘结牢固。

4. 工艺照片节点详图（见图7.5-1、图7.5-2）：

图7.5-1　无机纤维PVC护角做法实例

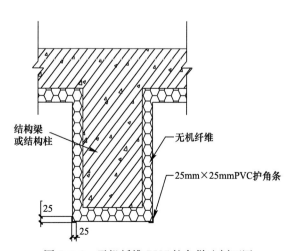

图7.5-2　无机纤维PVC护角做法剖面图

六、GRC 波纹板墙面检修口施工工艺

1. 工艺名称：GRC 波纹板墙面检修口施工工艺

应用工程：哈尔滨大剧院工程

应用单位：北京市第三建筑工程有限公司

2. 规范要求：

检修口与墙面弧度一致，与墙面四周缝隙均匀。

3. 工艺要点：

（1）工序：

切割开洞→木板定型→固定背衬板→刮原子灰→涂刷清水混凝土肌理漆→修边打磨→刷防护剂。

（2）工艺方法：

① 检修口处 GRC 清水波纹墙面板定位试安装，并在该板块上定位检修口位置，根据检修口定位线切割波纹板；

② 根据切下的检修口位置的波纹板的造型，在该板块上双向加热固定 3mm 厚木板条做出该造型；

③ 待板条定型后从板块上取下，周圈固定木龙骨，背面加木衬板；

④ 表面满刮原子灰 2 道（便于刮腻子），腻子 2 道，清水混凝土肌理漆 1 道；

⑤ 试安装，检查安装位置及板缝楔口结合平整度，边角修整打磨；

⑥ 所有版块安装完毕后，整体刷透明防护剂。

4. 节点详图及实例照片（见图 7.6-1～图 7.6-3）：

图 7.6-1　GRC 波纹板墙面

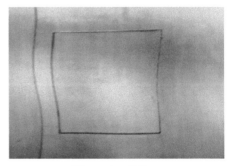

图 7.6-2　检修口

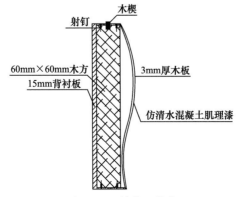

图 7.6-3　检修口节点

七、公共大厅消防箱曲面 GRG 门板施工工艺

1. 工艺名称：公共大厅消防箱曲面 GRG 门板施工工艺

应用工程：哈尔滨大剧院工程

应用单位：北京市第三建筑工程有限公司

2. 规范要求：

消防箱面板与墙面弧度一致，与墙面四周缝隙均匀。

3. 工艺要点：

（1）工序：

建模→拼装基层钢架及门扇钢架→面板试拼安装→微调→上螺栓→满焊→内衬板安装→喷乳胶漆/氟碳漆。

（2）工艺方法：

① 根据设计图纸建立 GRG 板块模型并编号，检查消火栓箱门开闭是否与周边饰面板发生冲突，能否自由开闭；

② 现场定位消火栓箱，并根据定位拼装消火栓箱周圈钢架及门扇钢架，由于墙面板自下而上安装，因此，故需待周圈面板全部安装完成后开始安装消火栓箱门板；

③ 门板安装完毕经微调、垫实后，紧固连接螺栓，再次检查门扇开闭情况，并将门板龙骨与基层钢架满焊；

④ 全部焊牢后利用水泥压力板做内衬封闭内侧钢架；

⑤ 批刮腻子两道，内衬板喷涂普通白色乳胶漆，外饰面喷白色氟碳漆。

4. 节点详图及实例照片（见图 7.7-1～图 7.7-3）：

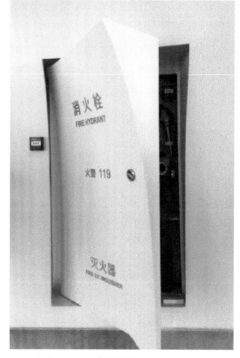

图 7.7-1 消防箱曲面 GRG 门板

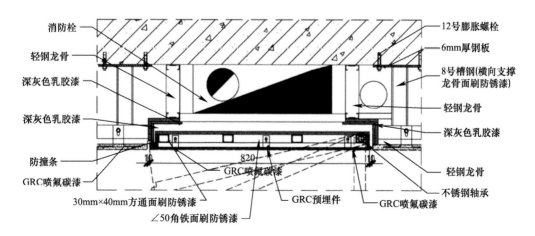

图 7.7-2 节点图 1

175

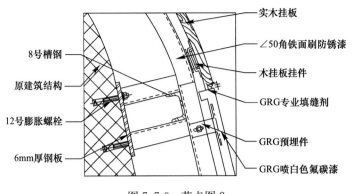

图 7.7-3 节点图 2

实木挂板
∠50角铁面刷防锈漆
木挂板挂件
GRG专业填缝剂
GRG预埋件
GRG喷白色氟碳漆

8号槽钢
原建筑结构
12号膨胀螺栓
6mm厚钢板

八、疏散楼梯防滑条施工工艺

1. 工艺名称：疏散楼梯防滑条施工工艺

应用工程：哈尔滨大剧院工程

应用单位：北京市第三建筑工程有限公司

2. 规范要求：

防滑条粘接牢固、顺直美观。

3. 工艺要点：

（1）工序：

钢筋护角固定→固定塑料凹槽→塞橡皮泥→刷踏步分色油漆→防滑条内刷黑色油漆。

（2）工艺方法：

① 在楼梯踏步阳角处利用水泥砂浆固定钢筋护角；

② 水泥砂浆抹面，镶嵌成品塑料 U 形槽（开口朝上）作为防滑条；

③ 将防滑条内清理干净用橡皮泥塞满；

④ 踏步边缘涂刷分色漆，清理防滑条内橡皮泥，用毛笔在防滑条内涂刷黑色油漆。

4. 节点详图及实例照片（见图 7.8-1、图 7.8-2）：

图 7.8-1 楼梯防滑条

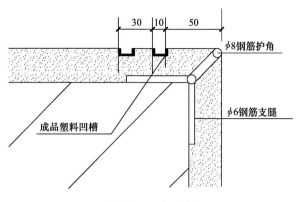

图 7.8-2 节点图

九、穿墙、穿楼板管道加装装饰环施工工艺

1. 工艺名称：穿墙、穿楼板管道加装装饰环施工工艺

应用工程：宜兴市文化中心工程

应用单位：北京建工集团有限责任公司

2. 规范要求：

盖板平整、顺直，与地面交接清晰。

3. 工艺要点：

（1）工序：

选择 PVC 装饰环→装饰饰面收口→PVC 装饰环安装。

（2）工艺方法：

① 机电管道安装按照要求横平竖直，并经检查完毕，完成管道面漆施工；

② 顶棚装饰饰面根据管道管径采用套割，做到同一管径套割尺寸一致，收口平整；

③ PVC 装饰环同一管径采用同一规格，玻璃胶对称点粘拼接，拼缝方向统一，与视线水平。

4. 节点详图及实例照片（见图 7.9-1、图 7.9-2）：

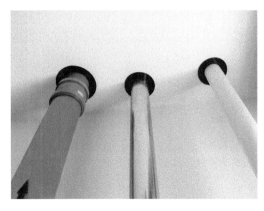

图 7.9-1 穿楼板管道安装装饰环实例图

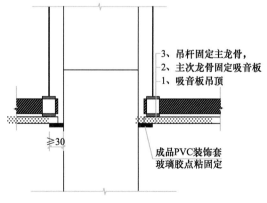

图 7.9-2 穿楼板管道安装装饰环示意图

十、出墙警铃不锈钢装饰条施工工艺

1. 工艺名称：出墙警铃不锈钢装饰条施工工艺

应用工程：宜兴市文化中心工程

应用单位：北京建工集团有限责任公司

2. 规范要求：

位置正确，排布成行成线，与墙面交接清晰。

3. 工艺要点：

（1）工序：

弹线定位→多层板安装→不锈钢装饰条粘贴→亚克力板半圆环安装。

（2）工艺方法：

① 先根据警铃出墙管墙面位置，在墙面弹出基层板水平位置线及控制线；

② 按照基层板位置线采用水泥钉或螺钉将多层板分段固定于墙面（长度＝相邻出墙管间距－50mm），上下多层板保持端部齐平、上下平行；

③ 在多层板上用玻璃胶粘贴定制通长不锈钢装饰条，装饰条间密封对拼。装饰条上根据出墙管间距留设半圆槽口，槽口半径比出墙管大 5mm；

④ 不锈钢装饰条粘结剂固化凝结后，在出墙管根部用双面胶粘贴定制的亚克力板半圆上粘贴套环接缝与不锈钢条接缝齐平。

4. 节点详图及实例照片（见图 7.10-1、图 7.10-2）：

图 7.10-1　出墙警铃不锈钢装饰节点实例图

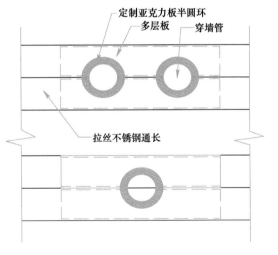

图 7.10-2　出墙警铃不锈钢装饰节点示意图

十一、管道穿墙增加成品装饰护口施工工艺

1. 工艺名称：管道穿墙增加成品装饰护口施工工艺

应用工程：和田市北京医院建设工程

应用单位：北京建工四建工程建设有限公司

2. 规范要求：

装饰护口大小与管道协调，与墙面粘接牢固、美观。

3．工艺要点：

（1）工序：套管填充→安装成品装饰护口。

（2）工艺方法：

① 穿墙套管内采用柔性填充材料封闭；

② 根据管道直径选择装饰环，宽度30～50mm；

③ 圆形装饰护口涂抹密封胶、点粘，护口与管道四周留置空隙匀称，拼接接缝与邻近墙平行，成排管道安装成品装饰护口应保证各管道扣盖拼接接缝在一条直线上。

4．节点详图及实例照片（见图7.11-1、图7.11-2）

图7.11-1 穿墙管道增加成品装饰护口实例图

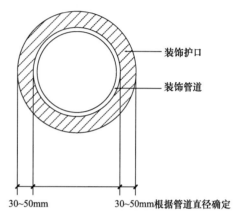

图7.11-2 穿墙管道增加成品装饰护口细部节点做法

十二、支架保护墩施工工艺

1．工艺名称：支架保护墩施工工艺

应用工程：中国人寿研发中心一期（数据中心）

应用单位：北京国际建设集团有限公司

2．规范要求：

保护墩高度一致美观。

3．工艺要点：

（1）工序：

整体放线→抹水泥墩→刮腻子→整体涂刷红色涂料→贴美纹纸→涂刷黑色涂料。

（2）工艺做法

① 根据管道尺寸抹水泥台，使用成品预拌砂浆，水泥台应方正且保证强度；

② 待水泥台强度满足要求时，表面刮耐水腻子找平，顶面向四周1%找坡；

③ 距水泥台底部四周10mm处粘贴美纹纸，整体涂刷红色涂料；

④ 水泥台阳角、阴角部位、支架落地处10mm范围内涂黑，其余部分应粘贴美纹纸，防止涂料污染。

4．节点详图及实例照片（见图7.12-1、图7.12-2）：

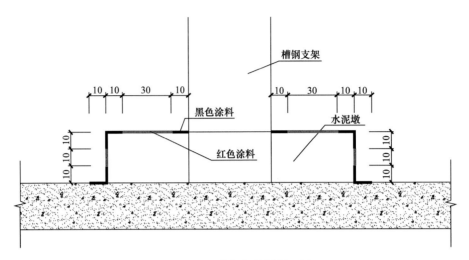

图 7.12-1　支架保护墩剖面图

图 7.12-2　支架保护墩实例图

电 气 篇

第八章 梯架、托盘和槽盒

一、镀锌电缆梯架施工工艺

1. 工艺名称：镀锌电缆梯架施工工艺

应用工程：包钢稀土钢板材有限责任公司2030mm冷轧工程

应用单位：中国二十二冶集团有限公司、中国五冶集团有限公司

2. 规范要求：

金属梯架的连接应牢固，可靠。梯架全长不大于30m时，不应少于2处与保护导体可靠连接；全长大于30m时每隔20～30m应增加一个连接点，起始端和终点端均应可靠接地。镀锌梯架本体之间不跨接保护联结导体时，连接板每端不应少于2个有防松螺母或防松垫圈的连接固定螺栓。

当直线段钢制梯架长度超过30m，铝合金应设置伸缩节；当梯架跨越建筑物变形缝处时，应设置补偿装置。梯架与支架间及与连接板的固定螺栓应紧固无遗漏，螺母应位于梯架外侧。

3. 工艺要点：

（1）工序：

测量定位→立柱安装→托臂安装→梯架安装→接地安装。

（2）工艺做法：

① 测量弹线确定梯架及支架的安装位置，并做好标记。

② 支架的型钢立柱可直接焊在预埋件或钢结构上，每一固定点的两侧均应焊接，焊接长度30～40mm，焊接应饱满、平整、严密，焊缝处清洁后补刷防腐漆。

③ 托臂与立柱用开口销连接时，插入销子后，应将开口销开口处略掰开，用卡板连接时，连接要牢固。托臂与立柱要垂直，偏差不得大于±2mm。

④ 梯架与托臂连接的压板固定要牢靠，梯架连接采用专用的连接，接口宜放在两支架间的1/4处，避免在1/2处做接头。标准弯通与梯架连接处应接合自如，接口处不应受外力，纵向、横向中心线应相互垂直，经弯头连接的同层梯架应在同一水平面上，其偏差均不得大于5mm。自制三通、四通的弯曲半径要满足实际需要，边框高度与梯架高度一致，切口部位光滑无毛刺，转弯处应平滑过渡。

⑤ 电缆梯架的首、末端须与接地干线相连，连接地线最小截面积不小于4mm²，大于30m时每隔20～30m应增加一个连接点。镀锌电缆桥架间连接板的两端可不跨接接地线，但连接线两端不少于2个有防松螺帽或防松垫圈的连接固定螺栓。

4. 节点详图及实例照片（图8.1-1～图8.1-4）：

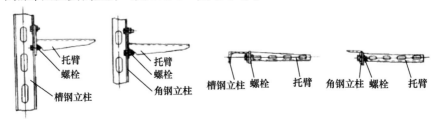

图8.1-1 电缆梯架节点详图1

图 8.1-2　电缆梯架施工实例图 1

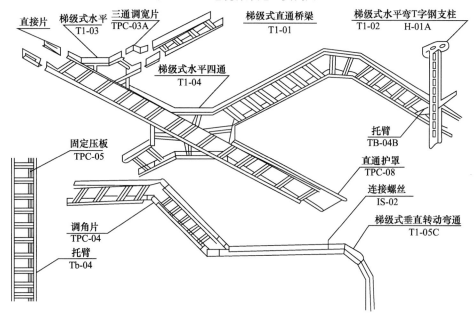

图 8.1-3　电缆梯架节点详图 2

图 8.1-4　电缆梯架施工实例图 2

二、槽盒穿越楼板防火封堵施工工艺

1. 工艺名称：槽盒穿越楼板防火封堵施工工艺

应用工程：巨海城八区南区综合楼（6 号办公楼）；

中国移动国际信息港研发创新中心工程、网管支撑中心工程、业务支撑中心工程

应用单位：内蒙古巨华集团大华建筑安装有限公司、

2. 规范要求：

敷设在电气竖井内穿越楼板处和穿越不同防火分区的梯架、托盘、槽盒，应有防火隔堵措施。

槽盒内敷设完电缆后，对穿越楼板处做防火封堵，防火封堵材料均选用合格产品，符合防火要求。槽盒内侧（敷设完电缆后的空隙）采用防火包堆砌密实牢固，外部用防火泥覆盖，防火泥封堵均匀密实、表面平整。在竖向孔洞底部应安装防火板或钢板支撑。

3. 工艺要点：

（1）工序：

槽盒内电缆敷设完成→防火台砌筑→钢板制作安装及防火泥塞缝→防火包填塞→防火泥塞缝抹平→涂刷油漆及标识。

（2）工艺做法：

① 槽盒安装完毕，槽盒内电缆敷设全部完成，并且固定牢固。槽盒盖板接缝宜高于防火台 100mm，方便拆卸。

② 槽盒穿楼板处四周预留 50mm 距离，沿预留洞口砌筑防火台，红砖砌筑，水泥砂浆抹面，防火台宽 120mm，高 200mm。

③ 根据洞口及槽盒的尺寸加工钢板，钢板的长、宽比预留洞口大 50mm，每块钢板用不少于 2 道膨胀螺栓将钢板固定在楼板下方，孔洞封堵严密无缝隙。

④ 先用防火泥将钢板与楼板、槽盒接缝处封堵严密，然后在钢板上填塞防火包，填塞密实，外观整齐，填塞至防火台下 20mm。

⑤ 最后用防火泥将防火包与电缆、槽盒、防火台间的缝隙全部填塞密实，并抹平至与防火台齐平。

⑥ 待防火泥干燥后，防火台涂刷与地面一致地坪漆，防火泥与防火台接缝处贴醒目标识，可采用 60mm 宽的反光条粘贴。

4. 节点详图及实例照片（见图 8.2-1～图 8.2-3）：

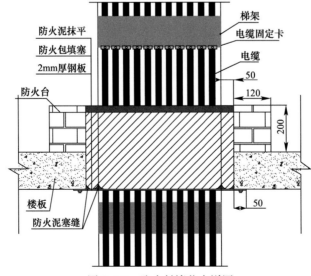

图 8.2-1 防火封堵节点详图

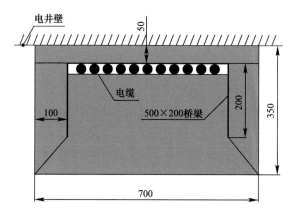

图 8.2-2 防火封堵钢板节点详图

图 8.2-3 防火封堵实例图

三、竖井内托盘、母线槽防火封堵及反坎收口施工工艺

1. 工艺名称：竖井内托盘、母线槽防火封堵及反坎收口施工工艺

应用工程：杭政储出（2011）12 号地商业金融用房项目；沧州管业大厦

应用单位：中天建设集团有限公司；河北建工集团有限责任公司

2. 规范要求：

母线槽段与段的连接口不应设置在穿越楼板或墙体处，垂直穿越楼板处应设置与建（构）筑物固定的专用部件支座，其孔洞四周应设置高度为 50mm 及以上的防水台，并应采取防火封堵措施。

3. 工艺要点：

（1）工序：

孔洞预留→防水台浇筑→托盘、母线槽及防火板安装固定→孔洞内防火泥封堵→刮腻子及石材装饰。

（2）工艺做法：

① 确定预留孔尺寸（宜每边宽出托盘、母线槽尺寸 3～5mm）及位置；

② 防水台浇筑；

③ 待托盘、母线槽等安装完成后，安装固定防火板；

④ 孔洞内防火泥封堵，严密美观；

⑤ 防水台表面刮耐水腻子后，用石材进行装饰。

4. 实例照片及节点详图（图 8.3-1、图 8.3 2）：

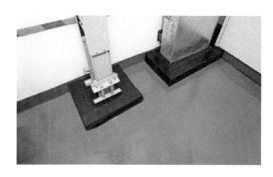

图 8.3-1 实例照片

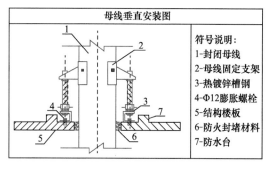

图 8.3-2 节点详图

185

第九章 管路敷设

一、加气混凝土实心砌块填充墙体内包线管施工工艺

1. 工艺名称：加气混凝土实心砌块填充墙体内包线管施工工艺

应用工程：内蒙古自治区儿童医院、妇产医院、妇幼保健院外迁合建项目

应用单位：内蒙古兴泰建设集团有限公司

2. 规范要求：

当塑料导管在砌体上剔槽埋设时，应采用强度等级不小于 M10 的水泥砂浆抹面保护，保护层厚度不应小于 15mm。

3. 工艺要点：

（1）工序：

绘制排砖图→测量放线→加工加气块→竖向线管包砌→原浆勾缝。

（2）工艺做法：

① 优化预埋线管的位置，绘制排砖图。

② 测量放线定位，确定加气块及管线位置做好标识。

③ 按排砖图及管线定位，集中加工加气块，在加气块顶面按照管线的直径和位置钻孔或开槽，孔洞直径或槽的宽度以大于管线直径 5～10mm 为宜。

④ 线管插入槽内，将开槽的砌块条原位嵌回，加气混凝土实心砌块套穿线管进行砌筑，将线管包砌在加气混凝土实心砌块孔洞内。

⑤ 砌筑后应立即用原砂浆内外勾缝，以保证砂浆的饱满度。

4. 节点详图及实例照片（见图 9.1-1、图 9.1-2）：

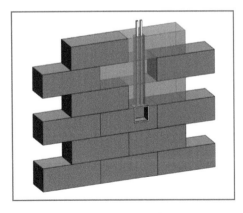

图 9.1-1 节点详图

插开盒

图 9.1-2 加气混凝土实心砌块实例图

二、暗配导管槽盒转接施工工艺

1. 工艺名称：暗配导管槽盒转接施工工艺

应用工程：商丘市第一人民医院儿科医技培训中心综合楼

应用单位：河南五建建设集团有限公司

2. 规范要求：

钢导管不得采用对口熔焊连接，与金属梯架、托盘连接时，镀锌材质的连接端宜用专用接地卡固定保护联结导体，非镀锌材质的连接处应熔焊焊接保护联结导体。导管的弯曲半径不宜小于管外径的 6 倍。

3. 工艺要点：

（1）工序：

优化确定管线位置→模板上弹线钻孔→导管敷设→槽盒安装→电线、电缆敷设→管口防火封堵→导管与槽盒接地联结→槽盒根部处理→刷防火漆。

（2）工艺做法：

① 按强电、弱电不同专业进行分类，优化管线走向及线管集中位置，并确定导管管径及数量，净距≥30mm，并形成管线走向图。

② 在模板上弹线，依走向图标出导管及钻孔位置并钻孔。

③ 进行导管敷设时，导管在楼板下方的外露长度为 200mm。

④ 按照图纸设计槽盒型号及现场实际安装高度进行施工，槽盒在预留管集中处正下方垂直设置，之后与水平槽盒相连。

⑤ 槽盒安装好后，进行管线敷设，导管口用防火泥进行封堵，导管与槽盒之间进行接地联结。

⑥ 槽盒盖板施工后，用柔性防火堵料把桥架与顶板结合处缝隙进行封堵。根据槽盒尺寸剪裁防火板，防火板比槽盒尺寸宽 25mm，厚度≥4mm。用带垫圈的螺丝固定防火板，涂刷防火漆。

4. 节点详图及实例照片（见图 9.2-1～图 9.2-3）：

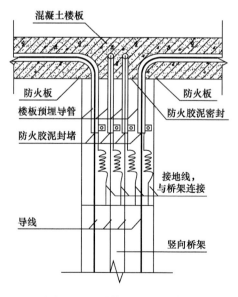

图 9.2-1　导管预埋节点详图

图 9.2-2　导管预埋实例图

图 9.2-3 暗配导管槽盒转接实例图

第十章 盘 柜 配 线

一、配电柜、配电箱（盘）内配线施工工艺

1. 工艺名称：配电柜、配电箱（盘）内配线施工工艺

应用工程：天津空港国际生物医学康复治疗中心医疗综合楼项目；

江南水务业务用房工程

应用单位：天津住宅集团建设工程总承包有限公司；

江阴建工集团有限公司

2. 规范要求：

箱（盘）内配线应整齐、无绞接现象；导线连接应紧密、不伤线芯、不断股；垫圈下螺丝两侧压的导线截面积应相同，同一电器器件端子上的导线连接不应多于 2 根，防松垫圈等零件应齐全。

箱（盘）内宜分别设置中性导体（N）和保护接地导体（PE）汇流排，汇流排上同一端子不应连接不同回路的 N 或 PE。

3. 工艺要点：

（1）工序：

箱体安装→线缆敷设与固定→箱内接线→绝缘测试→通电试运行。

（2）工艺做法：

① 测量定位，安装箱体。

② 理顺导线，按支路绑扎成束，按照 100～200mm 的间距用尼龙扎带绑扎，拐角两侧 30～50mm 及分支处应绑扎。盘面引出或引进的导线应留有适当的余度，以便检修。

③ 剥削导线端头，并套相同颜色的热缩带，按照黄色（L1）、绿色（L2）、红色（L3）、淡蓝色（N）、黄绿相间色（PE）分别接入 A 相、B 相、C 相、N 线、PE 线端子上，PE 保护地线应压在明显的部位，多股线搪锡或压接线端子。将箱（盘）调整平直后进行固定。箱内配线应整齐，无绞接现象。导线连接紧密，不伤芯线，不断股。每个接线端子上的电线连接不超过 2 根，防松垫圈等零件齐全。同一垫圈下的螺丝两侧压的电线截面积和线径均应一致。

④ 箱内盘面板安装完毕后，用兆欧表对线路进行绝缘电阻测试，并做好记录。

⑤ 配电箱（盘）安装及导线压接后，应先用仪表校对各回路接线，若无差错后试送电，检查元器件及仪表指示是否正常，并将卡片框内填写好线路编号及用途，线缆器件标识准确。

4. 节点详图及实例照片（见图 10.1-1）：

二、电气线路标识施工工艺

1. 工艺名称：电气线路标识施工工艺

应用工程：杭政储出（2004）2 号地块（钱江新城 A-11、12 地块）工程

应用单位：浙江省建工集团有限责任公司

2. 规范要求：

标识正确清晰，与设计图纸保持一致。

189

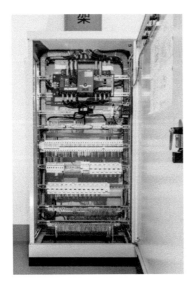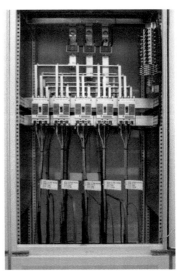

图 10.1-1 配电柜、配电箱（盘）内配线实例图

3. 工艺要点：

（1）工序：

核对实际出线与设计图纸一致→打印号码管或挂牌→回路整理及复核→按回路套码（零线及接地线也进行编号）→箱柜配线及线路整理。

（2）工艺做法：

① 测试电线、电缆的绝缘电阻，填写绝缘电阻测试记录，根据图纸设计校对电线、电缆品种、规格、相序颜色等，做好回路临时标识；

② 再次进行电线、电缆的绝缘测试，打印号码，制作电缆挂牌；

③ 进配电箱前每个回路的电线单独绑扎，进箱后将整个配电箱的相线、零线、接地线按顺序分类绑扎；

④ 接线及电缆头制作安装，按顺序做好电缆挂牌及电线套码（零线及接地线也必须编号）；

⑤ 接线完成后将箱内号码管及电缆挂牌依次按顺序整理，号码管成排成列。

4. 实例照片及节点详图（见图 10.2-1）：

图 10.2-1　实例照片

三、控制柜内电缆标牌施工工艺

1. 工艺名称：控制柜内电缆标牌施工工艺

应用工程：石家庄市南水北调配套工程-良村开发区地表水厂（一期工程）、西安服务外包产业园创新孵化中心 AB 座工程

应用单位：河北省第二建筑工程有限公司、河北省安装工程有限公司、陕西航天建筑工程有限公司

2. 规范要求：

电缆的首端、末端和分支处应设标志牌，直埋电缆应设标志桩。

3. 工艺要点：

（1）工序：

控制柜电缆敷设→电缆头制作→成排电缆绑扎牢固，电缆头固定→固定电缆标牌支架→电缆标牌打印→电缆标牌悬挂。

（2）工艺做法：

① 按图施工，进入控制柜后预留电缆长度为柜长＋柜宽＋柜高。

② 柜内电缆带电缆皮留 200mm 长，其余剥除，电缆皮接口处用 ϕ20mm 黑色热缩管热缩保护 50mm。

③ 按照动力电缆、控制电缆以及对应左右侧接线端子排对电缆进行左右分类，排列整齐，使用 4×150mm 黑色尼龙扎带将每根电缆固定在控制柜内底部卡槽（或电缆头支架）处。

④ 电缆标牌尼龙骨架固定，将 ϕ4 尼龙棒用横向 3 道 4×150mm 黑色扎带固定在电缆进线口上方 50mm 处，和电缆头底部持平。

⑤ 采用 30×60×8mm 双孔 PVC 白色标牌进行打印，打印内容为：电缆型号、用途、始终、末端。

⑥ 在单根电缆上尼龙绳绑扎电缆标牌，绑扎位置在电缆头顶部，在尼龙棒上用 4×150mm 黑色尼龙扎带水平固定电缆标牌，电缆标牌电缆从左至右依次排列，最终达到标

识清晰，整齐美观的效果。

4. 节点详图及实例照片（见图 10.3-1、图 10.3-2）：

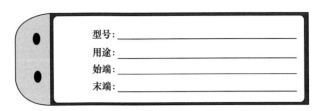

图 10.3-1　电缆标牌详图

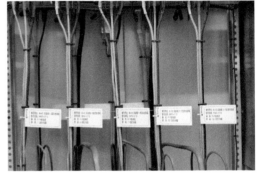

图 10.3-2　控制柜内电缆标牌实例图

四、机房线缆叠压式固定施工工艺

1. 工艺名称：机房线缆叠压式固定施工工艺

应用工程：武汉建工科技中心、中国通号轨道交通研发中心工程

应用单位：武汉建工集团股份有限公司、中铁建设集团有限公司

2. 规范要求：

线缆的布放应自然平直，不得扭绞，不宜交叉，标签应清晰；在终接处线缆应留有余量。设备跳线应插接，并应采用专用跳线；从配线架至设备间的线缆不得有接头。

3. 工艺要点：

（1）工序：

线缆整理→线缆表面清洁整理→固线器安装→线缆固定在固线器上→叠加固线器。

（2）工艺做法：

① 根据线缆规格选择相应的固线器规格，根据进机柜安装顺序将线缆捋直，保持足够的转弯半径；

② 整理线缆，并进行表面清洁；

③ 将固线器固定在桥架里，固定一排后，再安装下一排固线器，下一排固线器与上一排固线器的安装间距保持在 30cm 左右；

④ 将捋直的线缆一根一根有序的固定在固线器上，顺着固线器有序排列；

⑤ 第一排固线器的线缆排满之后，在固线器上叠加固线器。

4. 实例照片及节点详图（图 10.4-1～图 10.4-3）：

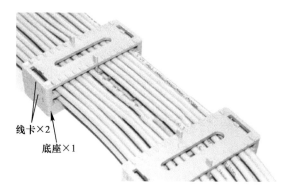

图 10.4-1　节点详图

图 10.4-2　实例照片 1

图 10.4-3　实例照片 2

第十一章 防雷接地

一、强电井水平明敷接地线施工工艺

1. 工艺名称：强电井水平明敷接地线施工工艺

应用工程：中铁桥梁科技大厦

应用单位：中国建筑第三工程局有限公司

2. 规范要求：

扁钢离墙距离 10～20mm，底边距地 300mm，刷黄绿相间色，接地点牢固可靠，标识齐全。

3. 工艺要点：

（1）工序：

墙面面处理→定位弹线→铺设扁钢接地线→标识及刷油→接地点设置。

（2）工艺做法：

① 清理墙面，保持墙面清洁，涂料平整均匀；

② 在墙面距地 300mm，弹水平线；

③ 在墙面打眼，用膨胀螺栓固定扁钢，扁钢搭接采取三边满焊，水平与垂直连接处采用成品弯头；

④ 在扁钢表面分段涂刷黄绿相间色油漆，每段 100mm，倾斜角度统一为 45°；

⑤ 设置接地点，清除接地点处扁钢表面油漆，采用热镀锌羊角螺栓作接地螺栓。

4. 实例照片及节点详图（见图 11.1-1）：

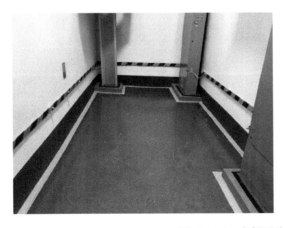 

图 11.1-1　实例照片

二、接地测试箱施工工艺

1. 工艺名称：接地测试箱施工工艺

应用工程：遵义干部学院建设项目；中国通号轨道交通研发中心工程

应用单位：中建四局第三建筑工程有限公司；中铁建设集团有限公司

2. 规范规定：

接地装置在地面以上的部分，应按设计要求设置测试点，测试点不应被外墙饰面遮蔽，且应有明显标识。

3. 工艺要点：

（1）施工工序：

暗装盒安装→接地扁钢跨接→防锈漆、面漆涂装→测试点螺丝安装。

（2）工艺方法：

① 弹线确定测试点的安装位置，安装固定测试点暗装盒；

② 测试点与接地扁钢进行跨接；

③ 清除焊渣后，对焊接面及测试盒内裸露扁铁进行防锈处理，并涂装黄绿相间色面漆；

④ 测试点内采用蝶形螺母的螺栓，便于测试操作；测试螺栓的螺母内安装爪牙垫片，使测试螺栓与接地扁钢有效连接。

4. 实例照片及节点详图（见图 11.2-1、图 11.2-2）：

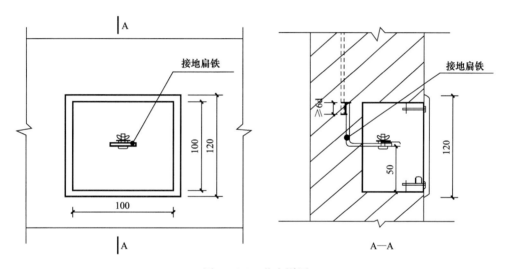

图 11.2-1　节点详图

图 11.2-2　实例照片

195

三、屋顶设备接地施工工艺

1. 工艺名称：屋顶设备接地施工工艺

应用工程：杭政储出（2004）2号地块（钱江新城 A-11、12 地块）

应用单位：浙江省建工集团有限责任公司

2. 规范要求：

接地可靠，固定牢固，安装方便。

3. 工艺要点：

（1）工序：

设备基础定位放线→确定设备接线位置→接地扁钢干线敷设至每个设备点→固定套管及接地扁钢→套管底部做水泥支墩。

（2）工艺做法：

① 清理施工区域地面，进行设备基础定位放线；

② 核对每个设备的接线位置，确定接地扁钢位置，与设备基础保持 10cm 距离；

③ 按照预留扁钢规格及长度设置保护套管，底部钢板按照扁钢规格进行开孔，焊接套管，套管出地面保持一致；沿设备敷设环形接地干线，与预留接地点跨接，再分别用镀锌扁钢从主干线引至各个设备点；

④ 将制作好的保护套管套在各个预留接地扁钢上，再用膨胀螺栓与结构面固定，并做好垂直及水平度复核；

⑤ 套管与接地扁钢之间用防火泥进行封堵；套管外涂刷磁银粉漆，然后进行接地标识，套管根部做水泥保护墩。

4. 实例照片及节点详图（见图 11.3-1、图 11.3-2）：

图 11.3-1　实例照片

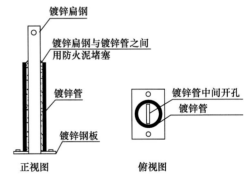

图 11.3-2　节点详图

四、平屋顶接闪网施工工艺

1. 工艺名称：平屋顶接闪网施工工艺

应用工程：华晨宝马汽车有限公司大东工厂第七代新五系建设项目涂装车间、（EEX）总装车间主车间

应用单位：中国建筑第八工程局有限公司、中国建筑第五工程局有限公司、鞍钢建设集团有限公司

2. 规范要求：

接闪线安装应平正顺直、无急弯，固定支架应间距均匀、固定牢固，高度不宜小于150mm，圆形接闪线固定支架间距为1000mm。每个固定支架应能承受49N的垂直拉力。接闪线安装位置应正确，焊接固定的焊缝应饱满无遗漏，螺栓固定的应防松零件齐全，焊接连接处应防腐完好。

3. 工艺要点：

（1）工序：

现场测量定位→支持器定位安装→不锈钢圆钢安装卡接→找平找正→天窗接闪带敷设。

（2）工艺做法：

① 按设计要求进行接闪网现场测量放线定位。

② 接闪网支架采用专用支持器，根据测量定位位置安装支持器，接闪网水平敷设时支持器间距为1000mm，转弯处为500mm。

③ 敷设屋面接闪网，接闪网采用 ϕ10 不锈钢圆钢，接闪网与支持器卡接固定，不锈钢圆钢卡接时搭接距离不小于 6D，接闪网十字交叉部分采用专用连接卡固定，与女儿墙配件之间利用桥接带进行连接。

④ 接闪网敷设完成后进行找平找正。

⑤ 天窗四周应敷设 ϕ10 不锈钢接闪带，引下线穿越天窗结构底座时，应预置穿越套管并对防水层进行保护，引出点与天窗接闪带可靠卡接。

4. 节点详图及实例照片（见图 11.4-1～图 11.4-4）：

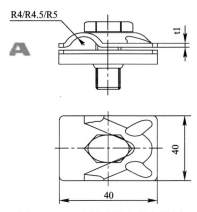

图 11.4-1 专用连接卡节点详图

图 11.4-2 专用连接卡实例图

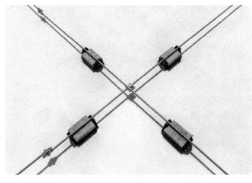

图 11.4-3 接闪网节点详图

图 11.4-4 接闪网实例图

197

五、干挂陶板上接闪带施工工艺

1. 工艺名称：干挂陶板上接闪带施工工艺

应用工程：乡宁县新医院建设工程

应用单位：山西二建集团有限公司

2. 规范要求：

接闪带安装应平正顺直、无急弯，固定支架应间距均匀、固定牢固，高度不宜小于 150mm，圆形接闪带固定支架间距为 1000mm。每个固定支架应能承受 49N 的垂直拉力。

3. 工艺要点：

（1）工序：

预制接闪带支架→测量定位→安装支架→接闪带安装

（2）工艺做法：

① 预制接闪带支架，将镀锌圆钢切割为 250mm 长，其根部套丝 100mm，打磨后拧上螺母及垫片，再套伞形卡。

② 在女儿墙顶接闪带位置测量定位，曲面部分随造型设置支架，开孔器打孔，打孔水平间距 900mm（转角处 300～500mm），同一线段间距一致。

③ 把支架伞形卡翅膀捋直，穿过陶土板孔眼后，伞形卡翅膀在板下自动弹开固定，调整支架卡的高度，使支架外露 190mm。

④ 用三角卡扣连接避雷带与支架，螺栓固定，接闪带搭接处双面焊接，引下线焊接亦同。焊接长度不小于 6 倍圆钢直径。

⑤ 接闪带与避雷针、建筑物顶部所有凸起的金属部件焊接成一整体。

4. 节点详图及实例照片（见图 11.5-1～图 11.5-3）：

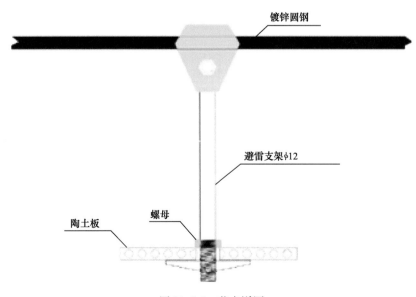

图 11.5-1 节点详图

图 11.5-2 接闪带支架实例图　　　　　图 11.5-3 接闪带实例图

六、防静电铜箔接地网施工工艺

1. 节点名称：防静电铜箔接地网施工工艺

应用工程：宜昌市委党校（宜昌市行政学院）迁建工程

应用单位：湖北广盛建设集团有限责任公司

2. 规范要求：

楼地面处理精细，平整无污染；铜箔纵横搭接处锡焊连接牢固、工艺规范、线条平滑顺直。

3. 工艺要点：

（1）工序：

地面处理→定位弹线→铺设铜箔接地网、锡焊连接→铺静电地板。

（2）工艺做法：

① 将地面垃圾、灰尘等杂物清理干净，涂刷地坪漆；

② 利用红外线水平仪弹出铜箔接地网定位线；

③ 铺设铜箔（自粘型铜箔胶带）网格，铜箔搭接处用锡焊连接。铜箔的纵横交叉点，应处于基座支撑点的中心位置。铜箔铺设应平直，不得卷曲和间断；

④ 沿底线铺设四块活动地板，调整基座垂直于楼面及地板，依次铺设其他活动地板。

4. 实例照片及节点详图（图 11.6-1、图 11.6-2）：

图 11.6-1　实例照片

199

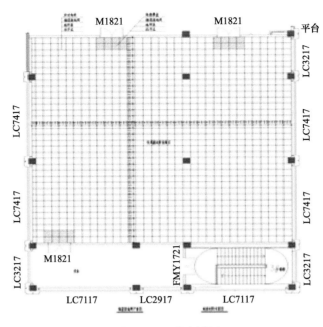

图 11.6-2　节点详图

七、出户金属管道接地施工工艺

1. 工艺名称：出户金属管道接地施工工艺

应用工程：中国移动国际信息港研发创新中心工程、网管支撑中心工程、业务支撑中心工程

应用单位：中国建筑第八工程局有限公司

2. 规范要求：

需做等电位联结的外露可导电部分或外界可导电部分的连接应可靠。

接地连接处螺栓应紧固，防松零件应齐全，标识要清晰。

3. 工艺要点：

（1）工序：

接地点预留→清理线盒→软铜线接头制作→接地线连接→标识牌安装。

（2）工艺做法：

① 距出户套管水平距离 100mm 处预埋 86H 线盒，接地镀锌扁钢引至盒内 50mm，钻 ϕ12 的圆孔，扁钢端部倒角。

② 预埋线盒清理干净刷防锈漆，镀锌扁钢应清理干净。

③ 接地线应选用截面积不小于 4mm² 的黄绿色绝缘铜芯软导线，与扁钢连接的一端压接接线端子，与管道抱箍压接的一端搪锡。

④ 接地线与接地扁钢通过 M10 的螺栓压接牢固后，用 ϕ6 的钻头在线盒盖上打孔并穿出接地线，接地线搪锡端通过抱箍压紧在金属管道上。

⑤ 安装接地标识牌。

4. 节点详图和实例照片（见图 11.7-1、图 11.7-2）：

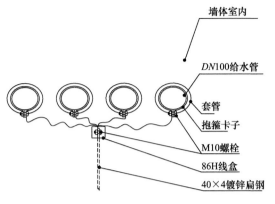

图 11.7-1 节点详图

图 11.7-2 出户管道接地实例图

第十二章 智能建筑

一、疏散指示装饰施工工艺

1. 工艺名称：疏散指示装饰施工工艺

应用工程：慈溪大剧院

应用单位：中国建筑第五工程局有限公司

2. 规范要求：

防火板内弧圆滑、与圆柱接缝严密、适度圆滑。

3. 工艺要点：

（1）工序：

尺寸量测→放样→下料→绝热板粘贴→接缝处理→刷漆。

（2）工艺做法：

① 测量疏散指示长度及圆柱弧度；

② 根据测量尺寸对防火绝热板放样制作，外侧放样尺寸加 10～20mm；

③ 按照放样尺寸，裁剪下料，绝热板喷漆处理；

④ 所有接缝用专用胶水粘贴牢固，拼接严密；

⑤ 在连接内侧粘贴接缝；

⑥ 防火板表面打磨光滑，并刷漆处理。

4. 实例照片及节点详图（图 12.1-1、图 12.1-2）：

图 12.1-1 实例照片

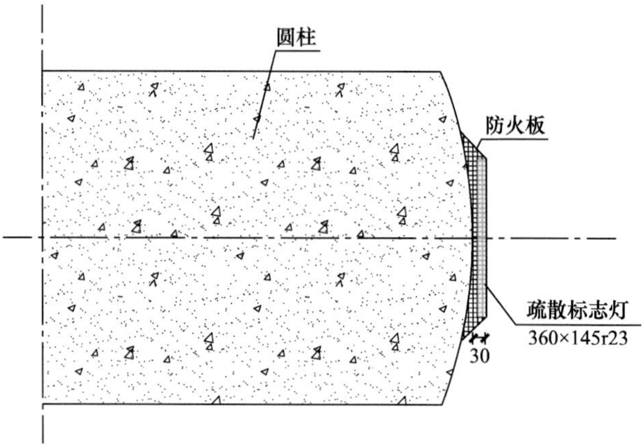

图 12.1-2 节点详图

二、消防报警阀组模块安装施工工艺

1. 工艺名称：消防报警阀组模块安装施工工艺

应用工程：天津空港国际生物医学康复治疗中心医疗综合楼项目

应用单位：天津住宅集团建设工程总承包有限公司

2. 规范要求：

同一报警区域内的模块宜集中安装在金属箱内。

模块（或金属箱）应独立支撑或固定，安装牢固，并应采取防潮、防腐蚀等措施。

3. 工艺要点：

（1）工序：

选定模块箱→模块箱安装→线管、槽盒敷设→线缆敷设→模块固定→模块接线→标识。

（2）工艺做法：

① 根据报警阀设备数量、模块尺寸，确定模块箱尺寸、数量。

② 安装模块箱，模块箱安装高度底宜距地1.5m，便于人员操作、维修。

③ 模块箱与阀组间敷设消防槽盒或金属线管，槽盒高度与阀组受控设备高度一致。阀组受控设备与消防槽盒采用穿不锈钢金属软管连接。

④ 槽盒、线管内敷设线缆。

⑤ 消防模块箱内组装模块，组装时将相同类型模块排布在一起，模块在箱内按照从上到下、从左到右的顺序排布。

⑥ 在模块箱内进行模块接线。

⑦ 将阀门、模块、报警阀、水力警铃等的标识悬挂或粘贴在设备附近，标识应准确醒目。

4. 节点详图及实例照片（图12.2-1～图12.2-3）：

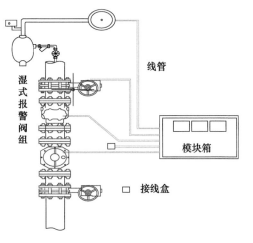

图12.2-1 模块安装节点详图

图12.2-2 模块安装实例图1

图12.2-3 模块安装实例图2

三、消防报警信号阀接线施工工艺

1. 工艺名称：消防报警信号阀接线施工工艺

应用工程：中国通号轨道交通研发中心工程

应用单位：中铁建设集团有限公司

2. 规范要求：

从接线盒、线槽等处引到探测器底座、控制设备、扬声器的线路，当采用可弯曲金属管保护时，其长度不应大于2m。

金属管子入盒，盒外侧应套锁母，内侧应装护口；在吊顶内敷设时，盒的内、外侧均应套锁母。塑料管入盒应采取相应固定措施。

明敷设各类管路和线槽时，应采用单独的卡具吊装或支撑物固定。吊装线槽或管路的吊杆直径不应小于6mm。

3. 工艺要点：

（1）工序：

测量定尺寸→抱卡支架制作→支架安装→接线盒安装→报警阀接线。

（2）工艺做法：

① 明装接线盒利用金属抱卡和角钢固定在报警信号阀上方。根据报警信号阀规格测量确定抱卡支架加工尺寸。

② 预制尺寸相符的金属抱卡和角钢支架。角钢两侧对称钻孔，固定抱卡，另一侧中心打孔，固定接线盒。

③ 金属抱卡环绕消防报警信号阀接线盒固定安装在角钢支架上。

④ 明装接线盒安装在角钢支架上，螺母固定在接线盒外侧，防止螺丝伤线。

⑤ 报警信号阀电源线与现场敷设电源线之间连接在接线盒内完成，避免管内接头现象。

4. 节点详图及实例照片（图12.3-1、图12.3-2）：

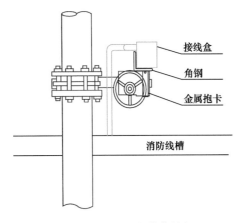

图12.3-1 消防报警信号阀
接线节点详图

图12.3-2 消防报警信号阀
接线实例照片

四、明装手动火灾报警按钮及声光报警器安装施工工艺

1. 工艺名称：明装手动火灾报警按钮及声光报警器安装施工工艺

应用工程：巨海城八区南区综合楼（6号办公楼）

应用单位：内蒙古巨华集团大华建筑安装有限公司

2. 规范要求：

手动火灾报警按钮应安装在明显和便于操作的部位。当安装在墙上时，其底边距地（楼）面高度宜为1.3～1.5m。手动火灾报警按钮应安装牢固，不应倾斜。火灾光警报装置应安装在安全出口附近明显处，距地面1.8m以上。光警报器与消防应急疏散指示标志不宜在同一面墙上，安装在同一面墙上时，距离应大于1m。

3. 工艺要点：

（1）工序：

柱内暗埋管穿线完毕→成品预制保护件制作及安装→涂刷面漆→保护件上报警器安装→张贴标识。

（2）工艺做法：

① 按照施工图纸将柱内暗埋管手报按钮和声光报警器的电线敷设完毕。

② 根据报警器的尺寸和安装高度确定保护件的规格尺寸，保护件采用1.2mm厚镀锌钢板制作，外形为倒"T"字形和"I"字形，保护件的厚度为20mm，宽度为110mm，高度为1100mm。保护件涂刷白色面漆。

③ 在保护件上开出线孔，出线孔打磨光滑无毛刺并装护线口。在倒"T"字形保护件三端开 $\phi30$mm安装孔，在"I"字形保护件两端开 $\phi30$mm的安装孔。

④ 将报警器电线穿过出线孔，将保护件紧贴固定在墙面上。

⑤ 线缆端头搪锡后接线，将手报按钮和声光报警器用燕尾丝安装在保护件，安装牢固可靠，横平竖直。

⑥ 保护件上张贴醒目标识，使手报按钮位置更加明显，易于寻找。

4. 节点详图及实例照片（图12.4-1、图12.4-2）：

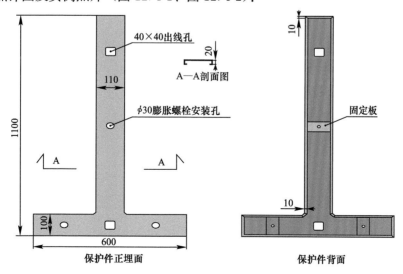

图12.4-1 保护件节点详图

图 12.4-2　手动火灾报警按钮及声光报警器安装实例图

第十三章 创 新 技 术

一、创新技术：不锈钢灯柱制作安装技术

1. 创新技术名称：不锈钢灯柱制作安装技术

应用工程：周家渡 01-07 地块项目

应用单位：中国建筑第八工程局有限公司

2. 关键技术或创新点：

（1）大堂石材墙面内嵌灯柱为不锈钢材质，不锈钢灯柱每个均可独立拆卸，便于更换。

（2）灯柱模块化结构灵活，更换射灯简便，可提供多种发光元件供选择（6 种颜色可选）。模块间的互锁简单，通过轴向背面的电缆孔接线，模块上的锁定环使得组装和固定能够快速完成。

（3）背板采用高端合纹香槟金面板，数控机床刨槽、折弯，背面压制 15mm 厚高密度铝蜂窝，高强度结构胶均匀涂抹，背衬 1.2mm 厚热浸锌钢板，强度高、不易变形。灯柱造型面板采用专制模具高精度压弧，封口片数控激光切割，封口片与灯柱造型密拼满焊、抛光打磨，采用离子真空渡整体渡色，确保整体色泽均匀，高达 IP66 的防护等级。

3. 应用范围及效果：

不锈钢灯柱在大堂安装使用，其为高端模块化产品，安装、固定和维护都非常简便，具有很高的性能和高端艺术价值，能够满足多种环境下的应用要求。

4. 节点详图及实例照片（图 13.1-1、图 13.1-2）：

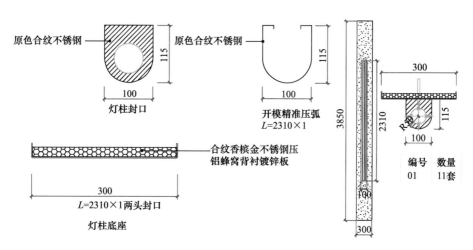

图 13.1-1　不锈钢灯柱制作详图

二、创新技术：涂塑槽盒的新型接地跨接技术

1. 创新技术名称：涂塑槽盒的新型接地跨接技术

应用工程：苏州国际财富广场西塔楼工程

应用单位：上海建工一建集团有限公司

图 13.1-2 不锈钢灯柱安装实例图

2. 关键技术或创新点：

本项目处于多雨潮湿的华东地区，地下室等区域电气槽盒采用了"热镀锌＋防火塑"的复合涂层方式，传统的接地跨接方式采用软铜线及爪型垫片式，如图 13.2-1 所示。

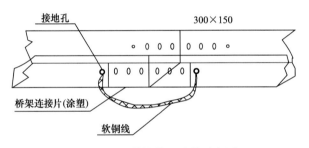

图 13.2-1 传统槽盒跨接示意图

本工艺采用了连接片内侧及槽盒端头外侧 150mm 不涂塑的新型接地跨接方式，槽盒与连接片的镀锌层直接接触形成电气通路，增加了接地跨接的可靠性，具体做法如图 13.2-2所示。

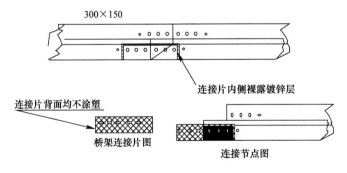

图 13.2-2 新型接地跨接方式

3. 应用范围及效果：

本项目的所有"热镀锌＋防火塑"槽盒均采用了新型接地跨接方式，紧固连接片的同时实现了电缆槽盒的接地跨接，增加了接地跨接的可靠性。

4. 节点详图及实例照片（图 13.2-3）：

图 13.2-3　涂塑槽盒的新型接地跨接实例图

设 备 篇

第十四章 暖通空调

一、屋面排风机防雨罩安装

1. 工艺名称：屋面排风机防雨罩安装

应用工程：中关村资本大厦

应用单位：北京城建集团

2. 规范要求：

屋面置于露天场所的排风机本体及软接部位宜采取防腐蚀等防护措施，以满足风机功能性及耐久性要求。

3. 工艺要点：

（1）工序：

风机安装→风机两端风管安装→制作防雨罩（内衬隔音棉）→防雨罩安装。

（2）工艺做法：

① 防雨罩由材料 1.0mm 镀锌板、冲压 L 型骨架等组成。

② 根据现场实际尺寸弹线确定设备、风管及防雨罩安装位置。

③ 风机设备基础应符合设计文件要求并经验收合格。风机的位置、尺寸及水平度应符合施工规范要求。

④ 根据施工图纸安装风机前后两端风管安装应水平、垂直，确保风管安装稳定牢固。

⑤ 防雨罩根据风机位置弹线打孔安装膨胀螺栓，防雨罩边缘应整齐与地面保持水平，确保安装位置正确，充分保护风机不受雨水腐蚀以及达到一定的降噪效果。

⑥ 在风机接线一端，防雨罩上设置活动扇叶，既更好地保护风机接线端口，又方便风机线路检修。

4. 节点图片及详图（图 14.1-1、图 14.1-2）：

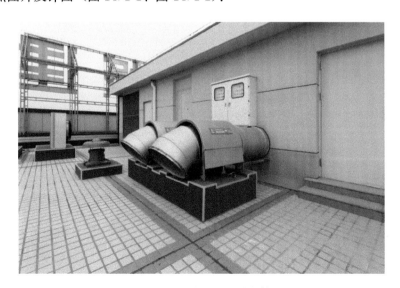

图 14.1-1 防雨罩安装实体

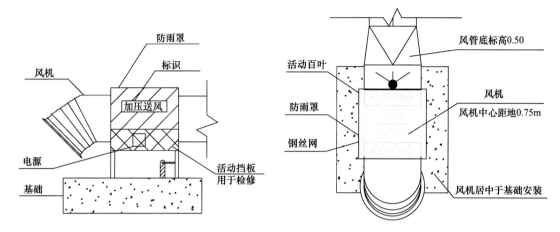

图 14.1-2　防雨罩安装节点详图

二、小曲率弧形风管施工工艺

1. 工艺名称：小曲率弧形风管施工工艺

应用工程：人民日报社报刊综合业务楼

应用单位：中国新兴建设开发总公司

2. 规范要求：

由梯形直管段法兰风管连接而成的长距离弧形风管须与建筑物外形弧度相一致，且法兰接口、风管接缝的强度及严密性应符合规范要求。

强度及严密性试验符合要求；安装水平度允许偏差 3‰；总偏差不大于 20mm；支吊架垂直度允许偏差 2%。

3. 工艺要点：

（1）工序：

分解梯形风管→制作→进场检验→预拼装→支吊架→安装。

（2）工艺做法：

小曲率弧形风管走向长，每层管长达 35m 以上，微小的偏差会对风管的施工质量产生较大影响。采用梯形直管段拼接成小曲率弧形管线。

① 工厂化预制，重点控制梯形直管段长短边尺寸。采用四片镀锌钢板联合角咬口并用角钢法兰铆接。利用 BIM 技术和 CAD 进行管段排布，编制加工计划。

② 进场检验，在现场根据深化图纸复验风管尺寸。

③ 预拼装，安装前，按出厂编号预组装。

④ 支吊架定位，以预拼装位置为参照，结合BIM 模型，重点控制吊架、吊杆位置。

4. 工艺照片及详图（图 14.2-1、图 14.2-2）：

图 14.2-1　小曲率弧形风管

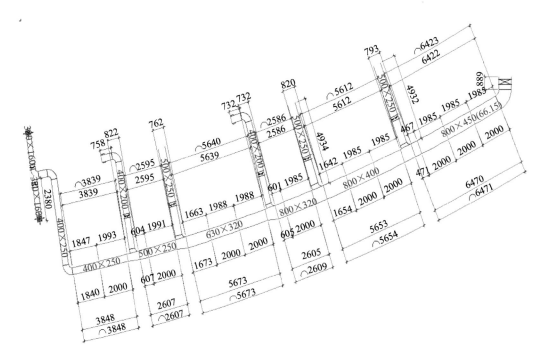

图 14.2-2 风管综合排布尺寸图

三、镀锌薄板螺旋风管施工工艺

1. 工艺名称：螺旋镀锌风管制作安装工艺

应用工程：华晨宝马汽车有限公司大东工厂第七代新五系建设项目

应用单位：中国建筑第八工程局、中国建筑第五工程局、鞍钢建设集团有限公司

2. 规范要求（质量要求）：

表面平整、无明显扭曲，凹凸不应大于 10mm；管口平整，平面度允许偏差 2mm。螺旋风管水平安装时的支、吊架间距应为 3.75～5m，垂直安装时，支吊架间距不应大于 4m，应至少设置两个固定点。悬吊的水平主、干风管直线长度大于 20m 时，应设置防晃支架或防止摆动的固定点。吊架的螺孔应采用机械加工。吊杆应平直，螺纹完整、光洁。安装后各副支、吊架的受力应均匀，无明显变形。

3. 工艺要点：

（1）工序：

材料准备→螺旋风管制作→连接芯管配件制作→预拼装→管道定位→管道支、吊架制作安装→螺旋风管安装、调整→螺旋风管接口打密封胶紧固→风口、风阀安装→检查验收。

（2）工艺做法：

① 根据设计要求和螺旋风管机选择镀锌钢带宽度，根据管径选择钢板厚度，并符合 GB 50243 要求。

② 风管加工长度可利用 BIM 模型进行确定，并考虑运输及安装方便。制作前应对材料进行线位校核，根据施工图及大样图的形状和规格分别进行画线。

③ 异径管、弯头、三通应采用展开法进行下料，并考虑咬口尺寸。板材轧制咬口前，

采用切角机或剪刀进行切角。

④ 采用自动或半自动风管生产线加工时，应按照设备技术文件执行。

⑤ 风管在批量加工前，应对加工工艺进行验证，并应进行强度与严密性试验。

⑥ 水平螺旋风管风管支架采用抱箍和吊杆组成，吊杆和扁钢抱箍的规格根据风管直径来选择。当风管固定在屋架 H 型钢上时，采用老虎夹形式与屋架钢梁进行固定。吊架间距确定为 3m，主、干风管长度超过 20m 时，应设置防晃支架。垂直螺旋风管支架采用成品支架加 U 形卡固定，间距不大于 4m。

⑦ 管道可利用 H 型钢进行双点吊装，就位后与支吊架进行固定，风管与支架之间加阻燃胶条隔离。

⑧ 风管安装完成后应进行安装质量检查和漏风量检测。

⑨ 分支管与主管连接采用插入式反边用拉钉与主管铆接，并在连接处用密封胶密封以防漏风。

4. 工艺照片及节点详图（图 14.3-1、图 14.3-2）：

图 14.3-1　螺旋、矩形等风管现场布局　　　图 14.3-2　竖向垂直螺旋风管支架固定节点图

四、保温管道压花铝板保护层施工工艺

1. 工艺节点名称：保温管道压花铝板保护层施工工艺

应用工程：军博展览大楼、重庆西站及相关工程

应用单位：中国建筑第八工程局、中铁建设第十二工程局

2. 规范要求：

圆形金属保护壳应贴紧绝热层，不得有脱壳、皱褶、强行接口等现象。接口搭接应顺水流方向设置，采用平搭接时，搭接宽度宜为 30～40mm，采用凸筋加强搭接时，搭接尺寸应为 20～25mm。采用自攻螺丝紧固时，螺钉间距应匀称，有防潮层时不得刺破防潮层。搭接缝保持一致，整体美观。

3. 工艺要点：

（1）工序：

下料→卷圆、滚边→包裹→自攻钉固定。

（2）工艺做法：

① 根据管道保温外周长加 30mm 搭接长度下料，搭接宽度 30mm。

② 将下好料的铝板在卷圆机上成型。

③ 将下料好的铝板在压边机上环向和横向压边成型。

④ 将铝板紧紧包裹在管道的外保温表面上，顺水搭接，且搭接接缝保持一致，纵向接缝尽可能设置在阴面处。

⑤ 按规定的间距在横向靠近滚边处用自攻螺钉固定，固定时需保证铝板表面平整，无凹凸不平现象。

4. 节点照片及详图（图 14.4-1～图 14.4-3）：

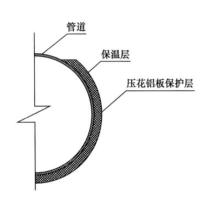

图 14.4-1　管道设备保温结构示意图

图 14.4-2　压花铝板保护层西部照片

图 14.4-3　冷冻机房管道设备压花铝板保温总体效果实景

五、阀门保冷防结露保温帽

1. 工艺名称：阀门保冷防结露保温帽

应用工程：中国通号轨道交通研发中心工程

应用单位：中铁建设集团有限公司

2. 规范规定：

保冷管道上的阀门的保冷和防结露保冷通常应做到阀盖为止，而阀柄（手轮）等因方便操作往往不保温。为防止或减少阀柄等结露现象，同时便于阀门启闭操作，在冷冻水管道等保冷管道上的阀门阀柄部位制作一方便保温帽。保温帽外形应平整美观，方便摘取与安装。

3. 工艺要点：

（1）空调机组立管切断闸阀，在系统运行时，手轮及阀杆部位因冷桥会产生凝结水结露现象；采用橡塑材料等保温材料制作一圆柱形闸阀保温帽，实用且美观。

（2）根据闸阀手柄外形尺寸确定橡塑棉管壳内径尺寸、厚度及长度。

（3）为保证闸阀保温帽强度，在橡塑棉管壳内置 UPVC 塑料管、管壳外部外包与管道外保护层同材质的保护层，并在其管壳一端封闭。

（4）保温罩壳另一端应与保护管道外接触面外形相匹配。

4. 效果图及实景图片（图 14.5-1）：

图 14.5-1　闸阀保温帽现场实景图

六、设备、阀门可拆卸式金属保温盒施工工艺

1. 工艺名称：设备、阀门可拆卸式金属保温盒施工工艺

应用工程：华晨宝马汽车有限公司大东工厂第七代新五系建设项目

　　　　　王府井国际品牌中心建设项目

应用单位：中国建筑第八工程局

　　　　　北京城建集团有限责任公司

2. 规范要求：

经常可拆卸的阀门、法兰或人孔等部位的绝热（保冷）结构需制成可拆卸式结构，一边绝热结构可快速复位，以保证绝热效果。管道阀门金属保护盒宜采用上方、下圆结构或圆形结构，采用上方下圆结构时上部达到阀杆密封处；制作时从轴线处分成对称的两部分，阀门盒顶部阀杆处应高于盒边缘。可拆卸式金属保护盒对接缝根据需要宜采用插条或锁扣式连接。

3. 工艺做法：

(1) 设备、阀部件绝热层外包 1.0mm 厚压花铝板（不锈钢、彩钢板等）保护壳。

(2) 设备、阀部件绝热层施工时，确定保护壳的开启位置，开启位置的绝热层采用对接。

(3) 根据实际尺寸下料后，用铝板（不锈钢、彩钢板等）采用咬口顺水搭接。

(4) 需要开启的保护壳接口采用锁扣连接固定，便于开启。

4. 节点照片（图 14.6-1）：

图 14.6-1　设备、阀门可拆卸式不锈钢金属保温盒

七、设备封头保温外防护层施工工艺

1. 工艺名称：设备封头保温外防护层施工工艺

应用工程：乡宁县新医院建设工程

应用单位：山西二建集团有限公司

2. 规范要求：

金属保护壳应紧贴绝热层，不得有脱壳、褶皱、强行接口等现象。接口的搭接应顺水，并有凸筋加强，搭接尺寸为 20～25mm。

3. 工艺要点

(1) 工序：

现场测量→放样→下料→压凸筋→管道保护壳安装。

(2) 工艺做法：

① 对需要保温的设备进行实际测量，钣金下料前应根据保温厚度计算出罐体封头保温后的直径、高度和直边长度。

② 确定封头保护壳分瓣数量，应根据筒体直径来划分，宜为偶数，以保证对称性。顶圆直径大小应根据分瓣数量确定，瓜瓣小端弧长不应过短，要确保美观。

③ 按放射线展开法进行瓜瓣的放样，下料时考虑保护层压接长度 20～25mm。然后按瓜瓣尺寸进行凸筋压制。

④ 设备封头的铁皮保护层安装前应确定顶圆中心位置，将顶圆先临时固定对称安装 4 片瓜瓣，然后顺次安装其他瓜瓣。接缝处用自攻螺钉密封，封头铁皮的搭接口应朝下，见图 14.7-1。

⑤ 瓜瓣保护层的纵缝搭接采用一边压凸筋，一边为直边搭接的形式，环向缝搭接采用两边均压凸筋搭接，接缝应上搭下。

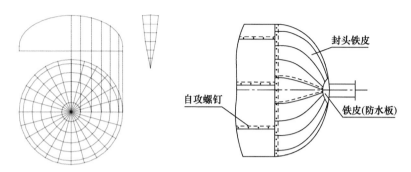

图 14.7-1 封头放样下料及安装图

4. 节点照片及详图（图 14.7-2）：

图 14.7-2 封头保护层完成图

八、多联机冷媒管管道支架做法

1. 工艺节点名称：多联机冷媒管管道支架做法

应用工程：枣庄市市民中心（体育中心-体育场）

应用单位：中建八局第一建设有限公司

2. 规范要求：

(1) 支架的固定方式及配件的使用应满足设计要求，并应当符合下列规定：

① 支架应当满足其承重要求，支架间距满足规范要求。

② 支架应当固定在可靠的建筑结构上，不应影响结构安全。

③ 严禁将支架焊接在承重钢结构及屋架的钢梁上，设计允许除外。

(2) 管道支架选用的绝热材料应满足设计要求，并应符合下列规定：

① 绝热衬垫厚度不小于管道绝热层的厚度，宽度应大于支架承面宽度，衬垫应完整，与绝热材料连接处应当密实、无空隙。

② 绝热衬垫应满足其承压能力，安装后不变形。

③ 采用木质材料作为绝热衬垫时，应进行防腐处理。

④ 绝热衬垫应形状规则，表面完整，无缺损。厚度不应小于接触型钢面的宽度。

3. 工艺要点：

（1）安装工序：

支架材料选用→下料制作→防腐处理→定位放线→型钢支架安装→绝热木托制作→木托防腐处理→木托固定→冷媒管敷设。

（2）工艺做法：

① 根据管道井空间大小、管道敷设位置、铜管规格及数量，合理优化布局，确定支架规格。

② 支架型式为槽钢支架，支架的型钢及钢板材料规格选用见表 14.8-1。

管道支架型钢选型表　　　　　　　　　　　　　　　　　表 14.8-1

铜管公称直径	铜管根数	槽钢规格	钢板规格	膨胀螺栓规格
气管 Φ19-Φ34	4～10	8 号	200×200×10	M16×150
	10 根以上	10 号	250×250×10	
液管 Φ6.35-Φ15.88	4～10	8 号	200×200×10	
	10 根以上	10 号	250×250×10	

③ 管道布局，气管靠墙，液管靠外敷设。根据管道数量及管井空间，确定管道排列形式。管路较多、空间小宜分排固定。

④ 根据现场定位放线，安装槽钢支架。支架距地高度 1.5～1.8m，支架钢板采用膨胀螺栓固定在承重墙上。

⑤ 绝热木托采用整体木板制作，厚度与槽钢肢高相同，宽度为 10cm。

⑥ 绝热木托钻孔。根据管道布局及数量用钻孔机钻孔，钻孔直径为相应铜管直径，孔距间距为 15cm，保持轴线一致，间距均匀。

⑦ 绝热木托制作钻孔后采用沥青漆做防腐处理，干燥后使用。

⑧ 将绝热木托两端固定在槽钢上。当管道数量大于 5 根时，管道每增加 4 根，相应增加一处固定点。

⑨ 槽钢支架及绝热木托固定牢靠后，敷设管道，保温处理。

4. 节点照片及详图（图 14.8-1、图 14.8-2）：

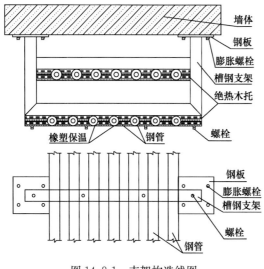

图 14.8-1　支架构造线图

图 14.8-2　现场实景图片

九、风管穿越防火墙防火封堵及装饰框施工工艺

1. 工艺名称：风管穿越防火墙防火封堵及装饰框施工工艺

应用工程：苏州中心广场 D 地块 7 号楼工程

应用单位：中亿丰建设集团股份有限公司

2. 规范要求：

风管穿越防火、防爆墙体或楼板时，必须设置壁厚≥1.6mm 的钢制防护套管；风管与防护套管之间应用不燃柔性材料封堵。

3. 工艺要点：

（1）工序：

套管安装→风管安装固定→套管内防火封堵→刮腻子粉刷→防火板装饰圈安装。

（2）工艺做法：

① 根据 BIM 深化设计图，现场确定出风管穿越防火墙的位置。

② 安装套管并且固定，套管长度为：防火墙厚度＋2mm，套管尺寸为：风管尺寸＋50mm。

③ 风管安装前拉线，确保风管安置位置位于套管中间位置。

④ 套管与风管之间填充防火泥，防火泥封堵密实。

⑤ 墙面涂抹水泥砂浆、刮耐水腻子，涂刷白色涂料。

⑥ 在完成面上使用防火板装饰圈将风管四周封堵起来，防火板表面涂刷赭褐色防火涂料，美观大方。

4. 节点照片及详图（图 14.9-1、图 14.9-2）：

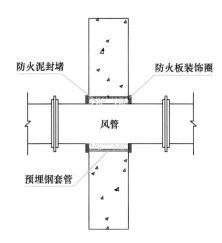

图 14.9-1　风管穿墙防火封堵结构示意图

图 14.9-2　风管穿墙防护封堵收口处理

十、空调净化机房安装施工工艺

1. 工艺名称：空调净化机房安装施工工艺

应用工程：青岛大学附属医院东区综合病房楼及门诊实训综合楼工程等

应用单位：荣华建设集团有限公司、中启胶建集团有限公司等

2. 规范要求：

空调机房设备运行平稳，管道安装横平竖直，保温符合规范要求，标识清晰。

3. 工艺要点：

(1) 工序：

设备验收→基础验收→基础表面处理→底座找平→设备就位装配→对正找平→最终检查→单机运行调试。

(2) 工艺做法：

① 空调机组到现场先开箱检查，符合要求后运到现场安装。

② 设备就位后，做好外部的防护措施，使其不受损坏，防止杂物落入机组内。安装就绪后，设备应有专人看管保护，防止损坏丢失零部件。

③ 结合现场实际情况，确定风管水管以及配电桥架的位置。

④ 安装空调水管，先大管，后小管，先主管，后支管。

⑤ 安装净化风管与配件，接缝应严密，折角应平直，圆弧应均匀，两端面应平行，风管无明显扭曲与翘脚，表面平整。

⑥ 安装完毕后，风管穿越楼板预留洞处用防火材料封堵。

4. 节点详图及实例照片（图 14.10-1）：

图 14.10-1 空调净化机房实例图

十一、制冷机房安装施工工艺

1. 工艺名称：制冷机房安装施工工艺

应用工程：天津空港国际生物医学康复治疗中心医疗综合楼项目等

应用单位：天津住宅集团建设工程总承包有限公司等

2. 规范要求：

水泵减震板可采用型钢制作或采用钢筋混凝土浇筑。多台水泵成排安装时应排列整齐。水泵减震装置应安装在水泵减震板下面。减震装置应成对放置。绝热材料粘贴时，固定宜一次完成，并应按粘贴剂的种类，保持相应的稳定时间，绝热层的粘贴应牢固，铺贴应平整，无裂缝、空隙等缺陷。

3. 工艺要点：

(1) 工序：

建立制冷机房 BIM 模型→利用 BIM 模型对制冷机房进行综合布局→机房管道安装→设备基础验收→减震装置安装→减震板安装→水泵及附件安装→减震装置质量检查→排水沟施工→管道表面油污清理→橡塑保温板材下料→粘接剂分别涂抹在管壁和粘接面上→稍后将橡塑保温板粘上→外观检查验收。

（2）工艺做法：

① 建立制冷机房的 BIM 模型图，合理布置设备及管线。结合建筑专业，优化有组织排水，合理设置排水沟及导流槽。

② 设备基础浇筑时，在基础内部向四周预留泄水孔找坡（坡度 3%），将基础台表面冷凝水通过导流槽引到排水沟。导流槽沿设备基础周边设置，宽度 100mm，深度 50mm，坡度 3%。

③ 减震垫或减震器的型号规格、安装位置应符合设计要求。同一个基座下的减震器应采用同一生产厂的同一型号产品。

④ 水泵与减震板固定应牢靠，地脚螺栓应有防松动措施。

⑤ 根据产品特性与设备厂家沟通，进行深化设计，提高减震效果，水泵减震板采用型钢制作，钢制基础使用柔性材料包裹，并用地脚螺栓固定在基础上。

⑥ 水泵就位前的基础混凝土强度、坐标、标高、尺寸和螺栓孔位置必须符合设计规定。

⑦ 橡塑绝热板所有切口处应均匀涂抹胶水，橡塑绝热板内表面与风管外表面以"米字格"方式涂胶粘接，胶水涂抹面积大于相应表面积的 40%。

⑧ 设备管道上的阀门、法兰及其他可拆卸部件保温两侧应留出螺栓长度加 25mm 的空隙。阀门、法兰部位则应单独进行保温。

⑨ 空调系统卡具与管道（风道）接触位置设木质隔热垫立管保温时，支撑托盘应焊在管壁上，其位置应在立管卡子上部 200mm 处，托盘直径不大于保温层的厚度。

4. 节点详图及实例照片（图 14.11-1）：

图 14.11-1 制冷机房安装实例图

十二、空调风口一体化灯盘安装施工工艺

1. 工艺名称：空调风口一体化灯盘安装施工工艺

应用工程：广州国际时尚中心项目

应用单位：广东梁亮建筑工程股份有限公司

2. 规范要求：

布管美观，照度及出风量均满足设计及规范要求。

空调照明一体化灯盘结构上将风口与照明灯具统一考虑。空调出入风口与照明灯具结合成一体化设备，减少顶棚末端设备布置的数量、不仅降低末端设备布置的难度，而且整体布局上简约、有序、美观。

3. 工艺要点：

（1）工序：

确定风口接入风管的管径→天花龙骨或固定天花板安装→灯具安装前保温层检查→风罩与灯具连接→灯具安装、接线→风口安装。

（2）工艺做法：

① 根据灯具的数量、风口的出风量确定各连接管的管径并制作风罩；

② 天花龙骨或固定天花板安装，确定灯具的具体位置和灯具固定点；

③ 灯具安装前检查灯盘风管部分的内衬保温是否粘贴牢固、严密；

④ 风罩与灯具用铆钉连接，风罩与灯具之间的缝隙打胶密胶，风罩内粘贴保温；

⑤ 在天花上安装固定灯具，灯具电气线路与电源连接；

⑥ 格栅风口安装。

4. 实例照片及节点详图（见图 14.12-1、图 14.12-2）：

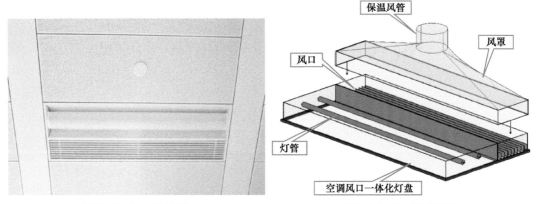

图 14.12-1　实例照片　　　　　　　　图 14.12-2　节点详图

十三、创新技术：超静音通风系统技术

1. 创新技术名称：超静音通风系统技术

应用工程：中国石油集团技术中心暨石化工程技术中心研发项目

应用单位：江苏南通三建集团有限公司

2. 关键技术或创新点：

（1）通风超静音系统：排风机 10 通过基座下垫减振垫 13 坐落在设备基础 17 上，预埋在设备基础地脚螺栓固定排风机 10 基座；排风机 10 通过软接头与止回阀 12、消声器 9 连接，排风机 10 两边连续安装两节消声器；风管、消声器 9 通过减振垫 15 固定在钢支架 14 上，钢支架固定在屋面上；风管垂直穿过墙体，洞口与风管之间留有缝隙宽度 10～20mm，填充聚氨酯硬发泡剂 20，两边留缝深度 5～8mm，打嵌密封胶 21（防火墙内侧填嵌 20mm 厚防火泥）。

（2）风通过风管流经消音器 9，再经软接头 11，消声后流经排风机 10，再经软接头 11，经止回阀流再流入消音器 9，进一步消声后排入大气层。同时由于风管 9 与墙 18、风管 9 与支架 14 之间软性连接，排风机 10 通过底座下垫减振垫 13 坐落在设备基础 17 上，匀有减振消声作用。建筑物内外听不到明显的噪声，经检测噪声小于 35dB。

（3）消声器结构、构造：用 Φ8 钢筋做框边 6，Φ4 钢筋箍 7，组成矩形框架，焊接"十"字钢筋 8 加固，并将钢筋骨架焊接到法兰 1 上，外包镀锌钢丝网 5，再包玻璃布 4，再外包 20mm 超细玻璃棉毯 3，最外层包镀锌钢板外壳 2，开成了内吸式消声器。

见图 14.13-1、图 14.13-2。

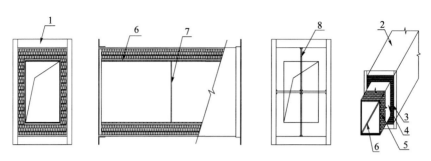

图 14.13-1　消声器结构、构造

1—连接法兰；2—外壳镀锌钢板；3—20mm 超细玻璃棉毯（≥48kg/m³）；4—玻璃布；5—镀锌钢丝网；

6—Φ8 钢筋框边；7—Φ4 钢筋箍（中距 450mm）；8—Φ6 钢筋固定框（焊于两端法兰上）。

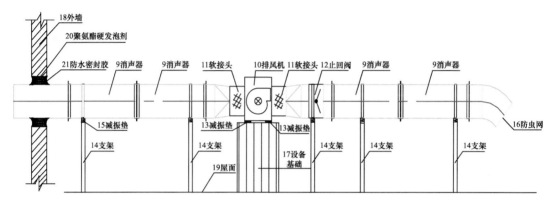

图 14.13-2　通风超静音系统

3. 应用范围及效果：

在中国石油科技信息档案楼整个工程中应用；按规定离风口 1m 处噪声测试，为 34dB，在工程及工程周边听不到噪声（图 14.13-3）。

图 14.13-3　通风室外超静音系统整体排布

第十五章　管　　道

一、湿式报警阀组安装工艺

工艺1：湿式报警阀组安装工艺

1. 节点名称：湿式报警阀安装工艺

应用工程：天津滨海文化中心

应用单位：中国建筑第八工程局

2. 规范要求：

按照设计图纸中确定的位置安装报警阀组；设计未予明确的，报警阀组安装在便于操作、监控的明显位置。报警阀阀体底边距室内地面高度为1.2m；侧边与墙的距离不小于0.5m；正面与墙的距离不小于1.2m；报警阀组凸出部位之间的距离不小于0.5m。成排报警阀组应位置标高一致。桥架与报警阀组之间设置金属软管时，长度与弧度相一致。同一报警区域的模块宜集中安装在金属模块箱内，模块严禁设置在配电柜（箱）内。

3. 工艺要点：

（1）工序

确定设备位置→选定模块箱→安装消防桥架→安装不锈钢穿线软管及配件→线缆敷设、模块箱内组装模块→安装模块箱→悬挂或粘贴标识。

（2）工艺做法

① 先确定报警阀室内各设备的具体安装位置。

② 再根据报警阀被控设备数量、模块尺寸，选定模块箱尺寸、数量。

③ 报警阀室被控设备多，若采用普通金属软管与预埋线盒连接，由于金属软管过长、不顺直、不易定型，造成阀室整体混乱。现场采用报警阀后安装合适规格的消防桥架，将被控设备与模块箱连接，桥架高度与被控设备高度尽量接近。

④ 各阀组的被控设备与桥架间采用不锈钢金属软管连接，安装前，先准确测量各被控设备与桥架间距离，再选购合适长度的不锈钢软管，不锈钢软管与普通金属软管相比具有易定型的特点。被控设备上设置防爆接线盒，不锈钢软管与消防桥架采用不锈钢锁母固定，这样做避免了阀门、管道漏水造成的线路进水问题。

⑤ 桥架内敷设线缆，消防模块箱内组装模块，组装时将相同类型模块排布在一起，模块在箱内按照从上到下、从左到右的顺序排布。

⑥ 安装模块箱，模块箱安装高度底宜距地1.5m，便于日后人员操作、维修。

⑦ 将阀门、模块、报警阀、水力警铃等的标识悬挂或粘贴在设备附近，字体以醒目、简洁为主。

4. 工艺照片及节点详图（图15.1-1～图15.1-3）：

图 15.1-1　金属软管与槽盒接口连接节点

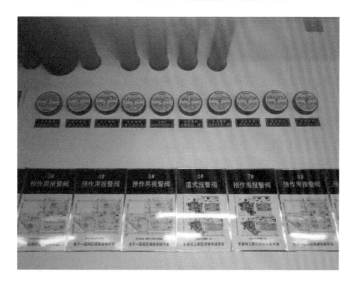

图 15.1-2　水力警铃标识

图 15.1-3　报警阀室整体布置效果

二、集水器、分水器、管道安装及绝热施工工艺

1. 工艺名称：集水器、分水器、管道安装及绝热施工工艺

应用工程：武清区体育场馆项目

应用单位：天津市武清区建筑工程总公司

2. 规范要求：

（1）分、集水器安装应平正、牢固位置尺寸应符合设计文件要求，设备底角一端采用螺栓固定，另一端应开腰孔，腰孔端螺栓处于松动状态。分、集水器保温时，设备铭牌应置于保温层外。

（2）法兰连接的管道，法兰面应与管道中心线垂直，并同心。法兰对接应平行，其偏差不应大于其外径的 1.5/1000，且不得大于 2mm；连接螺栓长度应一致，螺母在同侧，均匀拧紧。

（3）绝热材料层应密实，无裂缝、空隙等缺陷。表面应平整，当采用卷材或板材时，允许偏差为 5mm。

3. 工艺要点：

（1）工序：

集水器、分水器定位→集水器、分水器安装→管道安装固定→管道外部清理→管道防腐处理→大面绝热层粘贴→法兰部位附加绝热层粘贴。

（2）工艺做法：

① 根据房间尺寸合理布置集水器、分水器位置、水平管道标高及间距。

② 安装集水器、分水器，全程采用红外线测量仪控制水平度。

③ 连接管道，用红外线测量仪控制管道水平度、垂直度。

④ 管道安装后外部清理、防腐。

⑤ 橡塑绝热层板按集水器、分水器及管道相应周长尺寸进行裁割，包裹粘贴，接缝朝向墙面一侧。纵向接缝应置于管道水平线的上方 45°范围内，缝间不应有孔隙，与管道表面应粘合紧密，不应有气泡。

⑥ 法兰部位依据法兰周长进行绝热板材裁割，厚度与管道绝热层一致，包裹粘贴，接缝朝向墙面一侧，水平度用红外线水平测量仪全程控制。

4. 节点照片及详图（图 15.2-1）：

图 15.2-1　分、集水器及管道橡塑棉保温效果

三、管道穿越楼板套管及其封堵处理工艺

1. 工艺名称：管道穿越楼板套管及其封堵处理工艺

应用工程：江南水务业务用房

应用单位：江阴建工集团有限公司

2. 规范要求：

套管高出地面高度符合要求（有水房间 50mm，无水房间 20mm），管道居中，密封严密，整齐。

3. 工艺要点：

（1）工序：

套管安装→管道安装固定→套管外土建封堵→套管内机电封堵→抹水泥台→刮腻子→整体涂刷涂料。

（2）工艺做法：

① 根据现场实际尺寸弹线确定立管位置。

② 安装套管并固定，提前计算套管长度，套管长度应为：楼板厚度＋建筑做法＋50mm。

③ 管道安装。安装前应吊垂直，确保管道位于套管居中位置安装。

④ 套管外采用无收缩自密实混凝土灌浆料进行封堵，灌浆前应剔除洞口周边松散石子，并浇水湿润；套管内采用防火封堵堵料进行封堵，封堵应严密美观，如遇穿人防区域套管封堵，应采用油麻加环氧树脂封堵套管内空隙。

⑤ 根据管道尺寸抹水泥台，使用成品预拌砂浆，水泥台应方正且保证强度，套管高度应根据建筑做法厚度留设，套管高出建筑完成面 50mm，套管周边抹 30mm 高×20mm 宽水泥挡水台，线槽、母线、风管水泥台为方形，管道水泥台为圆形。

⑥ 水泥台表面刮耐水腻子后，涂刷灰色涂料，颜色同地面。楼板下管道周边套橡胶装饰圈，宽度为 50mm。

4. 节点照片及详图（图 15.3-1、图 15.3-2）：

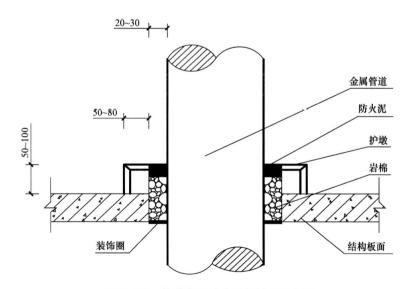

图 15.3-1　管道穿越楼板根部做法示意图

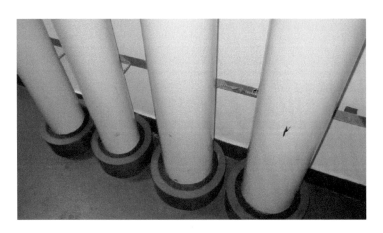

图 15.3-2　管道穿越楼板根部做法实例

四、室内滑冰场冷媒管安装工艺

1. 工艺名称：室内滑冰场冷媒管安装工艺

应用工程：哈尔滨万达茂

应用单位：中国建筑第二工程局有限公司

2. 规范要求：

管道净距≤100mm，试验压力为工作压力的 1.5 倍 48h 内压力不下降。

3. 工艺要点：

（1）工序：

底层保温管网安装→试压→隔热板的敷设→铺防水布→制冷管网敷设安装→绑扎。

（2）工艺做法：

① 管道定位、放样、下料、成型均用同一把 50m 钢尺丈量。

② 作冷媒支管的 $\phi16\times3$ 不锈钢成盘进场，要用带凹槽的调直器调直，以保证管的失圆度≤$0.01d$。

③ 冰面的保热管网、制冷管网的布置均与冰面外型无关，为保证冰面坚实、均一，制冷管网必须与冰面边沿（即护墙内沿）等距，且净距≤100mm，因此制冷墙分布管由直线段和弧线段组成，制冷分布管应按规定的曲率成型。

④ 保温层施工时，应先铺清洁干燥的河砂、其厚度按设计规定，然后将砂层刮平压实，再铺设保热管网，并按照分布管位置调整 PVC 软管。保热管网压力试验合格后，用洁净河砂覆盖管网，随填随找平拍实。

⑤ 在保温层上铺设两层聚苯乙烯泡沫隔热板，上下两层苯板错缝不少于 200mm，每块板的平整度误差及缝高差均在 2mm 以内。在干燥的保热板上铺设专用的塑料薄膜，接缝处用专用胶带粘结，不得损坏。

⑥ 热水支管、不锈钢支管长度均为变数，须按其平面位置逐根计算、下料，对号入座。$\phi16\times3$ 不锈钢管锯割应平整，割口用细挫修整光滑，每根不锈钢管下料长度误差控制在 0～+5mm。不锈钢支管与冷媒分布管上自带的接头零件用胀管锁母连接。冷媒供液及回汽无缝钢管连接采用 V 形坡口，手工电弧焊焊接。

⑦ 管道安装前要仔细清理内壁，冷媒管道要用压缩空气吹洗后方可安装，所有暂时

外露的管道口都须临时封堵严密以保持管内洁净。

⑧ 制冷层施工先找准分布干管位置标高，对正支管接头后将其固定，按规定中距安装好管承，再安好支管，支管安装宜由冰场中部向两侧进行，每根支座必须"对号入座"。

4. 工艺照片及节点详图（图15.4-1、图15.4-2）：

图 15.4-1　滑冰场冷媒管细部节点　　　图 15.4-2　滑冰场冷媒管施工现场

五、管道井穿墙管线施工工艺

1. 工艺名称：管道井穿墙管线施工工艺

应用工程：岱山 C 片保障房 1-5 号房等

应用单位：江苏金谷园建设集团有限公司等

2. 规范要求：

套管高出地面高度符合要求（有水房间 50mm，无水房间 20mm），管道居中，密封严密，整齐。

3. 工艺要点：

（1）工序：

预留套管 ▸ 立管安装 ▸ 防火封堵 ▸ 标示。

（2）工艺做法：

① 根据现场实际尺寸弹线确定立管位置。

② 安装套管并固定，提前计算套管长度，套管长度应为：楼板厚度＋建筑做法＋50mm。

③ 管道安装。安装前应吊垂直，确保管道位于套管居中位置安装。

④ 套管外采用无收缩自密实混凝土灌浆料进行封堵，灌浆前应剔除洞口周边松散石子，并浇水湿润；套管内采用防火封堵堵料进行封堵，封堵应严密美观，如遇穿人防区域套管封堵，应采用油麻加环氧树脂封堵套管内空隙。

⑤ 根据管道尺寸抹水泥台，使用成品预拌砂浆，水泥台应方正且保证强度，套管高

度应根据建筑做法厚度留设，套管高出建筑完成面 50mm，套管周边抹 30mm 高×20mm 宽水泥挡水台，线槽、母线、风管水泥台为方形，管道水泥台为圆形。

⑥ 水泥台表面刮耐水腻子后，涂刷涂料，颜色同地面。楼板下管道周边套橡胶装饰圈，宽度为 50mm。

4. 节点详图及实例照片（图 15.5-1）：

图 15.5-1　管道井穿墙管线实例图

六、屋面排水通气管施工工艺

1. 工艺名称：屋面排水通气管施工工艺

应用工程：江南水务业务用房等

应用单位：江阴建工集团有限公司

2. 规范要求：

固定牢靠，通气管应高出屋面 300mm，但必须大于最大积雪厚度；在经常有人停留的平屋顶上，通气管应高出屋面 2m；屋顶有隔热层应从隔热层板面算起。

3. 工艺要点：

（1）工序：

预埋留套管→通气立管安装→支架固定→防火封堵→标示。

（2）工艺做法：

① 套管预埋安装并固定，提前计算套管长度，套管长度应为：楼板厚度＋建筑做法＋100mm。

② 结构层用固定支架固定牢固，并与通气管抱箍连接。

③ 管道安装，安装前应吊垂直，确保管道位于套管居中位置安装。

④ 套管内采用防火封堵堵料进行封堵，表面再用水泥砂浆封堵，封堵应严密美观。

⑤ 防水材料施工（材质按设计图纸要求）。

⑥ 表面装饰施工。

4. 节点详图及实例照片（图 15.6-1、图 15.6-2）：

图 15.6-1　龙门架抱箍通气管实例图　　　图 15.6-2　固定支架通气管实例图

七、保温管道铝板保护层施工工艺

1. 工艺名称：保温管道铝板保护层施工工艺

应用工程：无锡地铁控制中心等

应用单位：江苏正方园建设集团有限公司等

2. 规范要求：

铝板保护层必须紧贴保温层，搭接应沿顺水方向，搭接缝保持一致，整体美观，中心在一条直线上。

3. 工艺要点：

（1）工序

下料→卷圆、滚边→包裹→自攻钉固定。

（2）工艺做法

① 根据管道保温外周长加 30mm 搭接长度下料，搭接宽度 30mm。

② 将下好料的铝板在卷圆机上成型。

③ 将下料好的铝板在压边机上环向和横向压边成型。

④ 将铝板紧紧包裹在管道的外保温表面上，顺水搭接，且搭接接缝保持一致，尽可能在阴暗处。

⑤ 按规定的间距在横向在靠近滚边处自攻螺钉固定，需保证铝板表面平整。

4. 节点详图及实例照片（图 15.7-1）：

图 15.7-1　保温管道铝板保护层实例图

八、工业管道及支架安装施工工艺

1. 工艺名称：工业管道及支架安装施工工艺

应用工程：临沂市阳光热力有限公司西部供热中心

应用单位：天元建设集团有限公司

2. 规范要求：

管道安装、阀门部件满足使用功能要求，吊架和支架安装保持垂直，整齐牢固，受力均匀。

3. 工艺要点：

（1）工序：

施工准备→BIM 策划→支架安装→管道安装→校正、试运行。

（2）工艺做法：

① 利用 BIM 模型进行工业管线综合排布，检查连接各部件、法兰、阀门，焊接并经验收合格后进入下道工序。

② 管道安装时，应对照管道预制分段图进行；对留有调整段的，应按现场实际进行量，根据实测尺寸切割所需的调整尺寸。

③ 导出支吊架数量及型式，进行支吊架型材选型设计，形成加工定做材料表及加工图。

④ 按照加工图，在工厂进行装配式组合支吊架的制作，施工现场仅需简单机械化拼装即可成型。减少现场测量、制作工序，降低材料损耗率和安全隐患，实现施工现场绿色、节能。

⑤ 在管线密集和空间狭窄部位可采用复合式支吊架体系，以减少各种管道、桥架重复设置支吊架和打架相碰现象，具有吊杆不重复、与结构连接点少、空间节约、后期管线维护简单、扩容方便、整体质量及观感好等特点，安装时根据管线位置进行现场调整。

4. 节点详图及实例照片（图 15.8-1、图 15.8-2）：

图 15.8-1　工业管道支架实例图　　　　图 15.8-2　工业管道综合布线实例图

九、卫生间冷热水出水口点位预埋

1. 工艺名称：卫生间冷热水出水口点位预埋

应用工程：枣庄市市民中心（体育中心-体育场）

应用单位：中建八局第一建设有限公司

2. 规范要求：

左侧热水管，右侧冷水管，冷热水出水口间距15cm。

3. 工艺要点：

（1）工序：

定位装置制作与组装→墙面开槽→给水点位定位装置与出水口及管道组合并敷设→管道水泥砂浆敷设→出水口定位复核。

（2）工艺做法：

① 制作给水点位定位装置，定位孔的中心距为150mm。

② 进行墙面开槽，过程中控制好开槽的标高、位置、深度、间距。

③ 将制作好的冷热水管、弯头、直接螺母与定位装置进行连接组合，旋紧到位确保螺母不会松动。将组合装置同时拿起敷设在开好槽的墙面上，将给水点位定位装置两侧的圆钢与墙面紧贴，确保出水口与墙体的距离符合现场贴砖厚度。

④ 将敷设在墙上的管道与定位装置用少量水泥砂浆初步固定，用水平仪及卷尺测量出水口标高及定位并进行调整。标高及定位完成后，用水泥砂浆将整个管道敷设在墙体槽内，待水泥砂浆硬化。

⑤ 水泥砂浆敷设，待水泥砂浆硬化后，将给水点位定位装置拆除，并进行相关的试压等工作。

⑥ 待水泥砂浆硬化后进行技术复核。

4. 工艺照片及节点详图（图15.9-1、图15.9-2）：

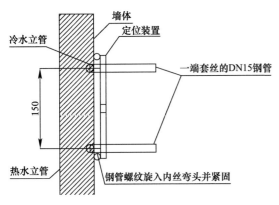

图15.9-1　节点图

图15.9-2　管道与给水点位定位装置安装图

十、创新技术：供在线分析仪表、在线实时检测的取样管路的安装方法

1. 创新技术名称：供在线分析仪表、在线实时检测的取样管路的安装方法

应用工程：石家庄市南水北调配套工程-良村开发区地表水厂（一期工程）

应用单位：河北省第二建筑工程有限公司，河北省安装工程有限公司

2. 关键技术或创新点：

克服了现有技术的缺陷（在线分析仪表只能不间断地监测水质，不能每隔一段时间监测一次，运行成本较高，缩短设备使用寿命），设计了一种供在线分析仪表实时监测的取样管路的安装方法。

图 15.10-1　在线分析仪及管路采集系统布置

（1）监测时反冲洗过滤器可以对进入在线分析仪表的水进行二次过滤，可以更加有效地把水中的泥沙、铁锈、微粒、悬浮物等滤除干净，使在线分析仪的取样管减少堵塞，如图 15.10-1 所示。

（2）利用第一阀门和第二阀门可以控制水流的大小，可以使溢流器边回落出水、边溢流保持高液位，从溢流器中流出的水直接排到水池或明渠里，这样的取样管路可以使在线分析仪集中采集到新鲜水样，如图 15.10-1 所示。

（3）整个取样系统，工艺流程简单，易维护，安装成本低，最重要的是在不改变水的性质前提下，可有效地滤除水中固体杂质，保证了取样管路的畅通，有效提高了在线分析仪表的使用寿命，提高了测量的准确性，整体安装效果如图 15.10-1 所示。

3. 应用范围及效果：

本工程设有两个分析仪表间，加氯加药分析仪表间和送水泵房分析仪表间，对进厂水、清水池水、出厂水的水质进行实时检测。主要分析仪表有浊度分析仪、PH 分析仪、COD 分析仪、氨氮分析仪、六价铬分析仪、碱度分析仪、总锰分析仪、叶绿素分析仪、蓝绿藻分析仪、余氯分析仪、颗粒计数仪，所有仪表取样管路均依照上述方法安装。运行过程中，取样管路通水正常，水中固体杂质过滤干净彻底，各种仪表检测数值精准可靠，与水厂水质检测实验室所测数据相比，误差符合规范要求，优于传统安装工艺。

十一、创新技术：管道精确安装定位校正卡具技术

1. 关键技术：管道精确安装定位校正卡具技术

应用工程：葫芦岛市中心医院儿科及内科病房楼工程

应用单位：辽宁绥四建设工程集团有限公司

2. 关键技术或创新点：

使用本实用新型设计的校正卡具，首先将排水立管沿 Y 方向调整到位，然后将夹具固定在立管上，通过调整螺母精调，提高了准确度及精度，大大加快了安装进度。该校正卡具巧妙地结合了现有排水管道和结构支撑的受力特点，其利用固定装置和调整装置实现了结构的牢固安装与精调定位，可周转循环使用，节能环保（图 15.11-1、图 15.11-2）。

3. 应用范围及效果：

适合狭小空间管井内管道安装，不仅可以提高安装效率和精度，而且相对于现有的安装工艺，具有很好的性价比，经济效益显著（图 15.11-3）。

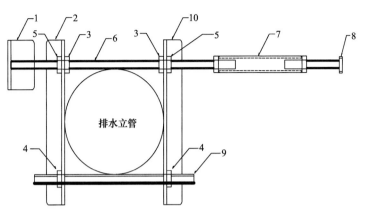

图15.11-1　一种排水管道精确安装定位校正卡具

1—角钢支撑；2—夹紧装置Ⅰ；3—锁紧螺母Ⅰ；4—锁紧螺母Ⅱ；
5—调整螺母；6—丝杠Ⅰ；7—焊接螺母；8—单头螺丝；
9—丝杠Ⅱ；10—夹紧装置Ⅱ

图15.11-2　现场定位校正卡具
使用实景图片

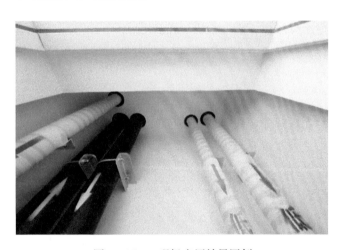

图15.11-3　现场应用效果图例

第十六章　设　备　安　装

一、轧机灌浆垫板施工技术

1. 工艺名称：轧机灌浆垫板施工技术

应用工程：包钢稀土钢板材料有限责任公司 2030mm 轧机工程

应用单位：中国五冶集团有限公司

2. 规范要求：

灌浆垫板无空鼓，水平度要求 0～0.05mm/m。

3. 工艺要点：

（1）工序：

平垫板研磨→平垫板支撑点焊接→灌浆垫板模盒制作→调整螺杆埋设→安放并调整平垫板→平垫板灌浆。

（2）工艺做法：

① 垫板的承压面积和接触面积应符合规范要求。垫板规格根据经验及公式计算得出，垫板需经精加工或研磨，以确保其接触面积。在研磨平台上进行平垫板的研磨。

② 根据垫板大小可采用三支点固定的方式，在研磨好的垫板上焊接固定调节板（螺栓杆支撑点）。

③ 焊接垫板灌浆模盒，模盒四周均应大出平垫板 30～50mm。

④ 按垫板布置位置钻设调节螺栓固定孔。按准备的固定螺栓大小钻孔，钻孔要在设备基础凿麻前进行。

⑤ 基础凿麻面，将混凝土基础的浮浆面全部凿掉，露出混凝土新茬为宜。

⑥ 安装灌浆垫板，将垫板与调节螺栓连接，用水准仪测量灌浆垫板上表面标高，调至设计规定的范围，再用精密水平仪测量垫板的水平度，水平度的调整主要靠调节螺栓的上下两个螺母进行，经复查标高、水平度无误，方可进行垫板的灌浆。安装灌浆垫板见图 16.1-1～图 16.1-3。

图 16.1-1　平垫板研磨

图 16.1-2　三支点调节螺栓及灌浆垫板模盒

⑦ 调整完毕后用灌浆料进行灌浆，并确保灌浆的质量。

4. 工艺照片及节点详图（图 16.1-1～图 16.1-4）：

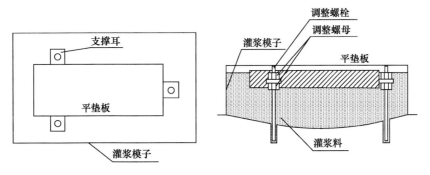

图 16.1-3　轧机灌浆垫板示意图

图 16.1-4　轧机灌浆垫板现场实例

二、机电设备减振施工工艺

1. 工艺名称：机电设备减振施工工艺

应用工程：昆泰嘉瑞中心

应用单位：中国建筑一局（集团）有限公司

2. 规范要求：

浮动底座不接触结构性硬质物体，通过弹簧减震垫，以达到减振降噪的效果。

3. 工艺要点：

（1）工序：

施工准备→安装减振台→软管连接→支架安装→设置减振垫。

（2）工艺做法：

① 安装在机房内的设备，先设置减振台座。

② 设置减振台座的同时在进出水管设置减振支吊架。

③ 在设备与管道之间配置软连接装置，减少设备振动及固体声沿管道的传递。

④ 设备机房内水平管道的隔振，可在管道支架上设置橡胶隔振垫。

4. 节点详图及实例照片（图 16.2-1、图 16.2-2）：

图 16.2-1　水泵浮动隔振基础实例图　　　图 16.2-2　落地支架加橡胶减震器实例图

三、卫生洁具居中布置工艺

1. 工艺名称：卫生洁具居中布置工艺

应用工程：无锡市土地交易市场

应用单位：江苏正方园建设集团有限公司

2. 规范要求：

卫生洁具和给水配件的安装允许偏差应符合±2mm 要求。

3. 工艺要点：

（1）工序：

排版→弹线→安装预埋→洁具安装→细部处理。

（2）工艺做法：

① 排版：按照装修墙地砖排版图结合安装设计图纸确定卫生器具位置以及管线走向，绘制管线及卫生洁具布置图，对卫生洁具进行合理电脑排版，做到卫生器具对墙地砖缝或者居砖中，同时应满足间距需求。

② 弹线：根据墙地砖排版图弹出墙地砖分块线，然后按照管线及卫生洁具布置图沿墙面弹出管道中心线，定位地面排水洞口位置。

③ 安装预埋：按照弹线进行管道预制安装，安装完后固定前应再次专人检查管道位置是否符合排版要求然后固定。

④ 洁具安装：待墙砖铺贴完成，隔断安装完毕后，进行洁具安装，安装时确定安装位置正确，横平竖直，同时进行校正，确保卫生洁具居砖缝或砖中。

⑤ 细部处理：完成洁具检验，确保洁具不渗漏后，采用专业美缝对洁具周边感应器周边进行细部处理。

4. 节点详图及实例照片（图 16.3-1）：

四、消防水泵房施工工艺

1. 工艺名称：消防水泵房施工工艺

应用工程：无锡地铁控制中心等

图 16.3-1 卫生器具居中、对缝实例图

应用单位：江苏正方园建设集团有限公司等

2. 规范要求：

水泵运行平稳、无噪声，消防水泵房的耐火等级不低于二级；周边排水沟设置齐全有效。

3. 工艺要点：

（1）工序：

施工准备→基础验收划线→设备开箱→水泵就位（隔震装置安装）→清洗→精平及二次灌浆→进出管路安装→同心度复查→试运转。

（2）工艺做法：

① 消防水层房整体先应用BIM技术深化设计，内容包括：电动机位置、水泵房饰面层做法、对应管道接口留设位置、动力配管留设位置、法兰、阀门垂直、水平位置等的留设。

② 在泵房内根据消防水泵位置放出基础位置线，基础位置十字中心线亦是水泵中心线；左右前后间距均对称一致。

③ 施工设备基座，高度、尺寸均保持一致，同时预埋固定螺栓。

④ 安装水泵电动机、管道连接，桥架及动力配管安装。

⑤ 测试、试运转。

⑥ 表面油漆、管道标示、设备基座细部美化、亮化；贴检修二维码、检查记录等。

4. 节点详图及实例照片（图16.4-1）：

图 16.4-1 消防水泵房实例图

五、创新技术：高空皮带机的皮带安装技术

1. 创新技术名称：高空皮带机的皮带安装技术

应用工程：黄骅港三期工程水工、土建、设备及配套项目总承包工程

应用单位：中交第一航务工程局有限公司

2. 关键技术或创新点：

(1) 在筒仓群的一侧地基上通过地脚螺栓固定安装卷扬机、胶带支架及硫化平台。

(2) 将钢丝绳完全绕入卷扬机并将胶带至于胶带支架上。

(3) 钢丝绳开始由卷扬机释放，牵引一次通过安装在筒仓上方的改向滑轮、皮带机头部改向滚筒、卸料小车、皮带机尾部改向滚筒、拉紧装置改向滚筒、回程托辊、皮带机头部改向滚筒以及改向滚筒。

(4) 钢丝绳与胶带连接后，卷扬机反转，拖动钢丝绳制止胶带接近全部展开，然后使用硫化机在硫化平台上将另一卷胶带与展开胶带进行硫化连接，连接成功后继续重复反转卷扬机牵引胶带，直至胶带全部牵引至筒仓上方。

(5) 将由卷扬机全部牵引至筒仓上方的胶带的两端在筒仓上方进行合拢硫化（图 16.5-1）。

图 16.5-1　高空皮带机

3. 应用范围及效果

本工艺应用于高空设置的皮带机胶带安装。工艺简单便于操作，整个安装过程持续时间较短，无需大型起重设备便可完成整个胶带安装工作，既节省工时又可节省大型机械使用费用。

六、创新技术：浸没式超滤膜组件安装技术

1. 创新技术名称：浸没式超滤膜组件安装技术

应用工程：石家庄市南水北调配套工程-良村开发区地表水厂（一期工程）

应用单位：河北省第二建筑工程有限公司、河北省安装工程有限公司

2. 关键技术：浸没式超滤膜组件安装

(1) 为保证膜架安装水平质量，采用在膜架六个角固定位置使用 Φ16 不锈钢螺杆作为支腿，使用螺母对支架标高进行调整，不锈钢螺杆焊接在垫板上，按照前期池内测定数据

对调高螺母进行调节（图 16.6-1、图 16.6-2）。

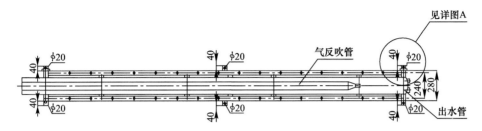

图 16.6-1　膜架可调支架安装位置

（2）将组装好的膜架整体吊装入滤池，膜架出水口及曝气入口采用沟槽式连接，使用卡箍件、橡胶密封圈和紧固件等组成的套筒式快速接头进行连接（图 16.6-3）。

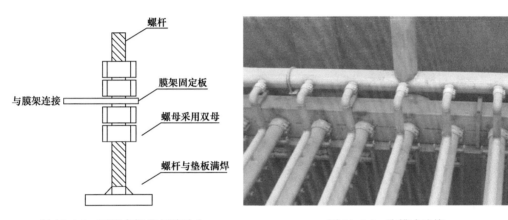

图 16.6-2　可调支架节点详图 A　　　　图 16.6-3　沟槽式连接

（3）膜安装：

① 记录挂架序号，并记录其安装位置。在膜元件出水口内围（即膜元件插入位置）涂上少许硅脂。

② 记录膜元件序号，并记录其安装位置。

③ 轻力地将膜元件进气口装在挂架底部横杠。并在膜元件进气口内围（即膜元件插入位置）涂上少许硅脂。

④ 检查每支膜元件是否带有三只 O 型密封圈以及涂上硅脂。确保膜元件末端套上两只 O 型密封圈并插进挂架的膜元件出水口，并确保弹性夹子装好膜元件。将膜元件插入膜元件进气口并锁紧。需同时确保膜元件进气口跟进气口连接妥当。

⑤ 重复上述步骤，直至所有膜元件安装完毕。

（4）膜装入池内注意事项：

① 检查两只 O 型密封圈是否已安装在滤液连接轴。

② 在微滤膜挂架安装检查表及安装位置表，记录每个挂架在滤池的位置。

③ 膜安装好之后，要立即对膜池注入清水，将膜浸泡。

3. 应用范围及效果：

可广泛应用于浸没式超滤膜组件安装，可用于净水处理厂和污水处理厂的中水处理单元，调整灵活方便，保证超滤膜的安装精度符合要求。

七、创新技术：无底座水泵新型底座施工技术

1. 技术创新：无底座水泵新型底座施工技术

应用工程：内蒙古自治区儿童医院、妇产医院、妇幼保健院

应用单位：内蒙古兴泰建设集团有限公司

2. 关键技术或创新点：

新型水泵底座包括固定底板、筒体、支撑板和两块固定板。在固定底板上竖直固定顶端为开口设置的筒体，在筒体上开设 U 形的凹槽，无底座水泵的出水口的底部活动插设在凹槽内；在凹槽的下方的筒体内壁上水平固定支撑板，其作用在于支撑出水口一侧的底部。

在与凹槽相对的筒体上开设卡接口，无底座水泵吸水口的底部活动插设在卡接口中；在卡接口的两侧的筒体内壁上分别竖直固定板，用于卡接固定无底座水泵（图 16.7-1、图 16.7-2）。

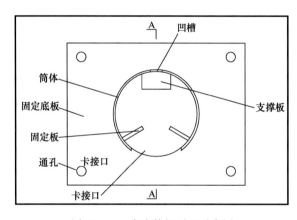

图 16.7-1　底座俯视平面示意图

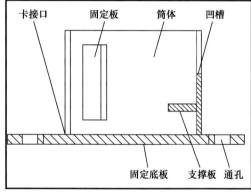

图 16.7-2　A-A 部分的剖面示意图

将固定底板上的四个通孔分别套设在相应的固定在混凝土基础上的四个地脚螺栓；然后通过四个紧固螺母固定，完成水泵底座的固定；再将无底座水泵的出水口底部和吸水口底部分别对准凹槽和卡接口，然后将无底座水泵从筒体顶部插设到筒体内，最终完成无底座水泵的安装（图 16.7-3、图 16.7-4）。

3. 应用范围及效果：

（1）应用范围：该水泵底座适用于建筑设备安装工程中无底座水泵的安装工程施工，并且该型底座可根据无底座水泵的型号做底座具体调节加工使用。

（2）应用效果：

上述水泵底座结构简单，安装过程简单，易操作，且省时省力，易实现；将无底座水泵设有吸水口和出水口的一端插接在筒体内，实现对无底座水泵的固定，避免振松螺栓，出现漏水的情况；保证了施工现场的正常施工；并且将无底座水泵安装到上述水泵底座的过程简单，易操作，省时省力。

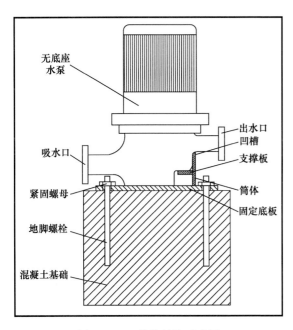

无底座
水泵

出水口
凹槽

吸水口

支撑板

紧固螺母

筒体

固定底板

地脚螺栓

混凝土基础

图 16.7-3　整体结构示意图

图 16.7-4　水泵底座现场实物图例